ABHANDLUNGEN DER DEUTSCHEN AKADEMIE
DER WISSENSCHAFTEN ZU BERLIN

Klasse Mathematik, Physik und Technik

Jahrgang 1958, Nr. 7

PAUL TÄUBERT

EINE KRIECHTHEORIE FÜR METALLE UNTER BERÜCKSICHTIGUNG VON VERFESTIGUNG UND ERHOLUNG

AKADEMIE-VERLAG · BERLIN
1959

Vorgelegt von Hrn. Rompe in der Gesamtsitzung vom 19. Dezember 1957
zum Druck genehmigt am gleichen Tage, ausgegeben am 31. Januar 1959

Erschienen im Akademie-Verlag GmbH, Berlin W 8, Mohrenstraße 39
Lizenz-Nr. 202·100/425/59

Gesamtherstellung: VEB Druckerei „Thomas Müntzer" Bad Langensalza
Bestell- und Verlagsnummer: 2001/58/I/7
Preis DM 9.—
Printed in Germany
ES-Nr. 18 B 2/20 F 9

Inhaltsverzeichnis

Zusammenfassung

Ein Vergleich der verschiedenen bei Kriechversuchen erhaltenen Ergebnisse und kritische Beurteilung der vorhandenen Theorien führen auf neue Ansätze zur Beschreibung des Kriechvorganges. Hiernach ist das Kriechen aufzufassen als Gegenspiel zwischen der durch die Verformung bewirkten Verfestigung und der Erholung. Beiden Vorgängen liegen thermisch aktivierbare Prozesse zu Grunde. Auf Grund dieser Vorstellung wird ein geschlossenes System von Gleichungen aufgestellt.

Bei der Lösung zeigt sich, daß die bisher zur Beschreibung des Verfestigungskriechens (transient creep) herangezogene Erschöpfungstheorie (exhaustion theory) in eigenartiger Weise als Spezialfall eingeht. Bei Vernachlässigung der Erholung stimmen beide Theorien insofern überein, als sie zur gleichen Kriechkurve führen, wenn man die Verteilungsfunktion der Quellen nach der Erschöpfungstheorie gleichsetzt dem Integral über der Verteilungsfunktion nach der neuen Auffassung. Da die Verteilungsfunktion aber nicht direkt gemessen werden kann, blieb der Unterschied bisher verborgen. Durch die neue Auffassung werden eine Anzahl der Schwierigkeiten, die sich dem Verständnis der Erschöpfungstheorie entgegenstellten, beseitigt.

Infolge der einheitlichen Behandlung des Kriechvorganges lassen sich die Grenzen angeben, bis zu denen die Vernachlässigung der Erholung zulässig ist. Aber auch für das Erholungsgebiet ergeben sich wertvolle Ergebnisse. Die Endkriechgeschwindigkeit läßt sich geschlossen hinschreiben.

Für die metallkundliche Praxis ergeben sich Hinweise über die Möglichkeit, das Kriechverhalten von Metallen im Kurzversuch zu ermitteln.

Ausführlich wird die umstrittene Frage der spontanen Dehnung behandelt. Der zeitliche Ablauf dieses Vorganges läßt sich aus dem Modell ableiten. Eine Abschätzung zeigt, daß der gelegentlich zur Deutung der Vorgänge bei tiefen Temperaturen vorgeschlagene Quanteneffekt keine Rolle spielt.

Kapitel 1

Problemstellung; experimentelle Ergebnisse; empirische Darstellungen

1. Einleitung

Gegenstand der Untersuchung des plastischen Verhaltens von Werkstoffen, speziell von Metallen, ist die Ermittlung des Zusammenhanges zwischen der Verformung δ und der dazugehörigen Spannung σ. Das Gesetz, das die gegenseitige Abhängigkeit wiedergibt, enthält außerdem noch die Temperatur und die Zeit. Es ist weiter zu beachten, daß sowohl δ als auch σ Tensoren darstellen. Um die Schwierigkeiten jedoch nicht allzu groß werden zu lassen, sollen im Rahmen dieser Arbeit δ und σ als Skalare aufgefaßt werden. Das bedeutet, daß der einachsige Verformungs- und Spannungszustand betrachtet werden soll. Hält man an dieser Vereinfachung fest, so läuft man Gefahr, daß vielleicht wesentliche Gesichtspunkte vernachlässigt werden, da die Verformung durch das Abgleiten einzelner Gleitebenen erfolgt. Allenfalls kann für den Fall der Scherung und der Schubspannung die obige Annahme streng begründet werden. Es sei jedoch angenommen, daß bei vielen Stoffen, insbesondere bei polykristallinen Proben, der Einfluß der Kristallanisotropie summarisch erfaßt werden kann, so daß die Vereinfachung in gewissem Rahmen gerechtfertigt ist.

Das praktische Ziel der Plastizitätstheorie ist die Ermittlung eines Operators H, der jedem zeitlichen Verformungsverlauf $\delta(t)$ einen Spannungsverlauf $\sigma(t)$ zuordnet. Hierbei hängt der Operator von der Temperatur ab:

$$\sigma(t) = H(T) \cdot \delta(t) . \tag{1.1—1}$$

Diese Zuordnung ist in gewissen Grenzen umkehrbar, d. h. man kann auch den Operator $H^{-1}(T)$ bilden, der die Verknüpfung

$$\delta(t) = H^{-1}(T) \cdot \sigma(t) \tag{1.1—2}$$

darstellt.

Bei Festigkeitsexperimenten geht man nun so vor, daß man einen bestimmten Verlauf $\delta(t)$ oder auch $\sigma(t)$ vorgibt und jeweils den Verlauf der anderen Größe mißt. Es ergeben sich damit die folgenden Möglichkeiten, wenn man sich bei der vorgegebenen Funktion auf die einfachsten Fälle beschränkt:

	Vorgegebene Größe	Meßwert	Bezeichnung des Versuchs
I	$\sigma(t) = \sigma_0 = \text{const}$	$\delta(t)$	Kriechversuch
II	$\sigma(t) = a \cdot t$ (linearer Anstieg)	$\delta(\sigma)$	Zerreißmaschine (weich arbeitend)
III	$\delta(t) = \delta_0 = \text{const}$	$\sigma(t)$	Relaxationsversuch
IV	$\delta(t) = a \cdot t$ (linearer Anstieg)	$\sigma(\delta)$	Zerreißmaschine (hart arbeitend)
V	$\sigma(t) = \sigma_0 \cdot \sin \omega t$	$\delta(t) = \delta_0 \cdot \sin(\omega t + \varphi)$	Dämpfungsmessung
VI	$\delta(t) = \delta_0 \cdot \sin \omega t$	$\sigma(t) = \sigma_0 \sin(\omega t) — \varphi$	Dämpfungsmessung

Es ist aus meßtechnischen Gründen vielfach nicht möglich, die obigen 6 Idealfälle wirklich zu realisieren. So tritt z. B. bei der normalen Zerreißmaschine, bei der eine konstante Dehnungsgeschwindigkeit vorgegeben werden soll, infolge Nachgiebigkeit der Kraftanzeige (sie wird z. B. durch eine mehr oder weniger starre Feder gebildet) eine Abweichung vom erstrebten Verlauf ein. Die Darstellung soll jedoch zeigen, daß die Meßergebnisse aller dieser Festigkeitsuntersuchungen Ausdruck des gleichen Gesetzes sind, und daß sie bei Untersuchungen gleichzeitig und wechselseitig benutzt werden können. Natürlich wird sich von Fall zu Fall die eine oder die andere Meßmethode als besonders zweckmäßig anbieten.

Für theoretische Überlegungen ist es ganz besonders der Kriechversuch, der in seiner Anlage den Erfordernissen angepaßt ist. Aus diesem Grunde wird der vorliegenden Arbeit gerade das Kriechverhalten zu Grunde gelegt.

Die Bedeutung des Kriechversuches erschöpft sich jedoch nicht darin, daß er der natürliche Ausgangspunkt *theoretischer* Untersuchungen ist; auch viele *praktische* Fragestellungen führen unmittelbar zu ihm. Es sei hier in erster Linie an die Dauerstandsfestigkeit der Werkstoffe erinnert, die z. B. beim Turbinenbau eine große Rolle spielt.

2. Begriffsbestimmung der Dehnung und der Spannung

Wenn nun zur Durchführung des Experiments die Probe der Spannung σ ausgesetzt wird, so reagiert sie mit einer bestimmten Dehnung. Diese Dehnung besteht aus zwei grundsätzlich verschiedenen Anteilen: der elastischen Dehnung und der plastischen Dehnung. Der elastische Anteil soll so definiert werden, daß er bei Entlastung im Laufe der Zeit wieder zurückgeht. Er umfaßt also nicht nur den HOOKEschen Anteil, der proportional der jeweiligen Spannung ist, sondern auch die sogenannten elastischen Nachwirkungen. Diese beruhen auf Diffusions- und Ausgleichsvorgängen im weitesten Sinn des Wortes. Um ein typisches Beispiel für diese elastische Nachwirkung anzugeben, soll ein Zugversuch betrachtet werden. Durch die elastische Verlängerung nach dem HOOKEschen Gesetz kühlt sich die Probe infolge der Belastung etwas ab. Die Länge der Probe unmittelbar nach der Belastung sei l_1. Da die Probe wegen der Abkühlung kälter ist als die Umgebung, nimmt sie aus der Umgebung Wärme auf und erwärmt sich bis zur Ausgangstemperatur. Hierdurch tritt infolge der thermischen Ausdehnung eine weitere Verlängerung ein, die als elastische Nachwirkung bezeichnet wird. Neben dieser fast trivialen Ursache gibt es noch weitere Gründe für die elastische Nachwirkung. Eine geeignete Untersuchungsmethode ist die Messung der Dämpfung, wenn die Probe zu Schwingungen angeregt oder auch sonst sinusförmig periodisch belastet wird. Wie KĚ, ZENER, NOVICK und bei Stahl insbesondere KÖSTER gezeigt haben, lassen sich auf Grund der Dämpfung und ihrer Frequenz- und Temperaturabhängigkeit wertvolle Rückschlüsse auf den inneren Aufbau des Materials ziehen.

Man kann die gesamte elastische Verformung so definieren, daß unter dem Einfluß der äußeren Spannung ein neuer energetischer Gleichgewichtszustand entsteht, der durch eine gewisse Verformung gekennzeichnet wird. Diesem Gleichgewichtszustand strebt das Material zu. Wird die Last wieder entfernt, so liegt der Ausgangszustand energetisch günstiger, und die Verformung wird rückläufig.

Im Gegensatz zu dieser elastischen Verformung steht die plastische Verformung. Hier ist der Endzustand dem Ausgangszustand energetisch im Wesentlichen gleichwertig. (Von geringen Abweichungen, die z. B. durch Oberflächenenergie oder als Folge der Verfestigung auftreten, soll hier abgesehen werden.) Nach Entlastung tritt demzufolge auch keine Rückverformung ein. Für die folgenden Überlegungen interessiert nur dieser plastische Anteil. Er soll daher ausschließlich behandelt werden.

Es bleibt nun noch übrig, einige Vereinbarungen über die Messung der Dehnung zu treffen. Es ist in der Technik allgemein üblich, die Dehnung δ zu definieren durch den Ausdruck

$$\delta = \frac{l - l_0}{l_0} \,. \tag{1.2—1}$$

Diese Definition ist jedoch für theoretische Überlegungen nicht besonders zweckmäßig. Nimmt man nämlich an, daß die Verformung durch die Wanderung einer *Versetzung* bewirkt wird, welche bei einem Schritt die Fläche f überstreicht (etwa Mosaikblockgröße), so ist die dadurch bedingte Verlängerung proportional f/F, wenn F der Probenquerschnitt ist.

Da der Probenquerschnitt jedoch nicht konstant, sondern mit der jeweiligen Länge l durch die Beziehung $l \cdot F = l_0 \cdot F_0$ verknüpft ist, wird die Verlängerung Δl der jeweiligen Länge proportional. Aus diesem Grund ist es zweckmäßig, die Dehnung nicht auf die Ausgangslänge, sondern auf die jeweilige Länge zu beziehen. Die Gesamtdehnung wird damit

$$\varepsilon = \sum \frac{\Delta l}{l} \rightarrow \int_{l_0}^{l} \frac{dl}{l} = \ln \frac{l}{l_0} = \ln\left(1 + \frac{l - l_0}{l_0}\right) = \ln\,(1 + \delta) \,. \tag{1.2—2}$$

Wie man durch die Reihenentwicklung

$$\varepsilon = \ln\,(1 + \delta) = \delta - \frac{\delta^2}{2} + \frac{\delta^3}{3} - \cdots \tag{1.2—3}$$

leicht zeigt, gehen beide Definitionen bei kleinen Dehnungen ineinander über.

Ebenso wie die Dehnung soll für die folgende Untersuchung auch die Spannung auf den jeweiligen Querschnitt bezogen werden. Unter σ soll daher die auch in der Technik vielfach verwendete „wahre Spannung" verstanden werden. Bei der Druchführung von Kriechversuchen ist die Last P entsprechend der jeweiligen Querschnittsveränderung zu verringern, so daß

$$\sigma = \frac{\mathrm{P}}{F}$$

konstant bleibt.

3. *Empirische Kriechformeln*

Es sind im Laufe der Zeit von verschiedenen Forschern Kriechversuche durchgeführt worden, deren Meßergebnisse, wenn möglich, durch einen geschlossenen und einfachen Ausdruck wiedergegeben werden sollten.

Bei der Vielzahl der Messungen kann in der folgenden Wiedergabe keinesfalls Vollständigkeit angestrebt werden. Es sollen vielmehr einige typische Ergebnisse herausgegriffen werden.

Trouton, Fund Rankine [1] machten Versuche mit *Blei* und stellten eine spontane Anfangsdehnung fest, der ein kontinuierliches Kriechen folgte.

Phillips [2] erhielt bei verschiedenen Metallen ein logarithmisches Gesetz

$$l = a + b \cdot \ln t \,. \tag{1.3—1}$$

Sehr bekannt geworden sind die Messungen von Andrade [3]. Er kam auf Grund seiner Versuche zu dem Gesetz

$$l = l_0\,(1 + \beta \cdot t^{1/3}) \cdot e^{\varkappa t} \,, \tag{1.3—2}$$

oder allgemeiner

$$l = l_0\,(1 + \beta \cdot t^{\alpha})\, e^{\varkappa t} \,. \tag{1.3—2a}$$

Eine Diskussion dieser Gleichung liefert für kleine Zeiten eine Verformung nach einem Potenzgesetz, wobei die Kriechgeschwindigkeit abnimmt; für größere t überwiegt der Exponentialanteil. Für ihn ist die Verformungsgeschwindigkeit gegeben durch

$$\frac{dl}{dt} = l_0 \cdot \varkappa \cdot e^{\varkappa t} = l\,\varkappa \,.$$

Also wird

$$\varepsilon^{\cdot} = \varkappa = \text{const} \,. \tag{1.3—3}$$

Für große Zeiten bedeutet demnach das ANDRADEsche Gesetz konstante Kriechgeschwindigkeit.

DUSHMAN, DUNBAR und HUTHSTEINER [4] fanden den Ausdruck

$$\ln \frac{\delta^{\cdot}}{T} = - \frac{a}{T} - b + \gamma \cdot \sigma \,. \tag{1.3—4}$$

Für konstante Temperatur T ergibt sich daraus

$$\delta^{\cdot} = \text{const} \cdot \varepsilon^{\gamma \cdot \sigma} \,. \tag{1.3—5}$$

McVETTY [5] erhielt für die Spannungsabhängigkeit ein sinh-Gesetz. Für große Spannungen geht dies in das Exponentialgesetz (Gl. (1.3—5)) über. Es hat jedoch den Vorteil, daß bei kleinen Spannungen die Kriechgeschwindigkeit verschwindet. HAASEN und LEIBFRIED [6], WEIK [7], MASING und WEIK [8] u. a. fanden, daß der Exponent des ANDRADEschen Gesetzes im Verlauf des Kriechvorganges nicht konstant bleibt, sondern sich ändert. Bei längerer Beobachtung geht das ANDRADEsche Potenzgesetz in ein logarithmisches Fließen über.

Im Gegensatz dazu stellte WYATT [9] fest, daß zunächst ein logarithmisches Fließen und dann ein Potenzanteil auftritt. Während des logarithmischen Kriechens fand WYATT eine „Zustandsgleichung" in dem Sinn, daß die Kriechgeschwindigkeit bei konstanter Temperatur nur von der Dehnung und der Last abhängt. Die Vorgeschichte, d. h. die Art wie die Dehnung erzielt wurde, hat in diesem Gebiet keinen Einfluß. OLDS [10] fand ebenfalls zwei verschiedene Gesetzmäßigkeiten. Bei Versuchen mit einer Cu-Ag-Legierung (97% Cu; 3% Ag) im Bereich von 100 bis 300° C stellte er bei tieferen Temperaturen logarithmisches Kriechen ($\varepsilon = \alpha \cdot \ln t + \beta$) fest. Bei den höheren von ihm untersuchten Temperaturen überwiegt ein ANDRADEscher Anteil. Außerdem tritt hier schließlich konstantes Kriechen auf ($\varepsilon = \beta \cdot t^{1/3} + \gamma\, t + \delta$).

Schließlich sei noch auf Versuche von FRENKEL, SHERBY und DOM [11] hingewiesen, die bei Al-Legierungen das Gesetz

$$\varepsilon^{\cdot} = S \cdot e^{-\frac{u}{kT}} \cdot e^{\beta \cdot \sigma}$$

lieferten.

Hierbei blieben u und β konstant, während der „Strukturfaktor" S ein Maß für die Verfestigung darstellte.

4. Zusammenfassung der Ergebnisse

Aus der Vielzahl der angeführten Versuche, die als typisch für eine noch größere Zahl angesehen werden können, kann geschlossen werden, daß die angegebenen Gesetze sicher nicht den ganzen Kriechvorgang wiedergeben. Die Versuchsergebnisse lassen folgende Stadien des Kriechvorganges erkennen:

a) Spontane Dehnung

Diese Dehnung tritt unmittelbar nach dem Aufbringen der Last auf und sollte temperaturunabhängig sein. Experimentell wird sie durch Rückextrapolation der Kriechkurve auf die Zeit $t = 0$ ermittelt. Wegen der Unsicherheit der Extrapolation ist der Wert der spontanen Dehnung immer zweifelhaft.

b) Kriechen nach dem ANDRADEschen Potenzgesetz, wobei der Exponent, der bei ANDRADE zu $^1/_3$ angegeben wurde, noch frei bleibt. Er kann insbesondere noch von der Temperatur abhängen und sich während eines Versuches ändern.

c) Logarithmisches Kriechen

Dieser Vorgang kann als Grenzfall eines sehr kleinen Exponenten im ANDRADEschen Gesetz aufgefaßt werden.

d) Quasiviskoses Fließen

Entsprechend dem letzten Faktor im ANDRADEschen Fließgesetz, bei dem die auf die jeweilige Probenlänge bezogene Dehnungsgeschwindigkeit $\varepsilon^{\cdot}$ konstant bleibt.

e) An diesen Teil schließt sich noch ein Gebiet wachsender Dehnungsgeschwindigkeit an, das dann schnell zum Bruch führt. Da sich in diesem Teil der Bruch schon vorbereitet, und die Zerstörungen des Materials beginnen, soll diese Phase aus der Betrachtung ausgenommen werden.

Während eines Kriechversuches brauchen nicht alle hier aufgeführten fünf Phasen aufzutreten. Je nach den Versuchsbedingungen können einige Phasen unterdrückt werden, während andere an Bedeutung gewinnen. So tritt zum Beispiel bei hoher Temperatur und kleiner Last die spontane Dehnung zurück, während das quasiviskose Fließen (Teil d) überwiegt. Umgekehrt hat man bei tiefer Versuchstemperatur in erster Linie mit der spontanen Dehnung zu rechnen.

Kapitel 2

Bisherige theoretische Ansätze

1. Grundannahmen

Es ist wohl kaum noch umstritten, daß die plastische Deformation durch die Bewegung von Versetzungen erfolgt. Die Kinematik dieser Vorgänge ist so häufig beschrieben worden, daß ihre Kenntnis an dieser Stelle vorausgesetzt werden kann. Hiernach verläuft ein vollständiger Gleitschritt in der Weise, daß eine Versetzung erzeugt wird, über die Gleitebene wandert und schließlich an ihrem Rand aufgelöst wird. Für jede dieser drei Phasen existiert eine Aktivierungsenergie u. Die Wahrscheinlichkeit, daß infolge statistischer Schwankungen ein Gitterbaustein diese Energie erreicht, ist nach der ARRHENIUS-Gleichung

$$w = e^{-\frac{u}{kT}} . \qquad (2.1\text{—}1)$$

Durch die äußere Spannung wird die Aktivierungsenergie erniedrigt, so daß Gl. (2.1—1) z. B. die von BECKER-OROWAN angegebene Form

$$w = e^{-\frac{u\left(1-\frac{\sigma}{\sigma_0}\right)^2}{kT}} \qquad (2.1\text{—}2)$$

annimmt. Die Verformungsgeschwindigkeit ist dann proportional diesem Ausdruck. Rechnet man nun diesen Ausdruck mit den bekannten, aus der Gittertheorie ermittelten Kräften durch, so erhält man für den Fall, daß man ihn auf die Bildungswahrscheinlichkeit der Versetzung bezieht, einen viel zu geringen Wert für w. Deutet man ihn jedoch für die Wanderungsgeschwindigkeit, so ergibt sich ein im Vergleich zum experimentellen Befund zu hoher Wert. Um den Anschluß an die Erfahrung zu finden, muß man in jedem Fall einen Korrekturausdruck einführen, der dann auch physikalisch gedeutet werden kann. Diese Richtungen sollen nun, immer im Hinblick auf den Kriechvorgang, besprochen werden.

2. Anomalienhypothese

Die ältere Auffassung geht davon aus, daß die Verformungsgeschwindigkeit durch die Bildung von Versetzungen begrenzt ist. Die entsprechenden Untersuchungen und Rechnungen wurden durchgeführt unter anderem von SMITH [12], ENGELHARDT [13], LIPPMANN [14].

Da die Aktivierungsenergie für die Bildung einer Versetzung bekannt ist, kann der Zähler im Exponenten der Gl. (2.1—2) für eine bestimmte äußere Spannung σ berechnet werden. Er fällt jedoch größer aus, als er es auf Grund experimenteller Ergebnisse sein sollte. Um diese Diskrepanz zu beseitigen, wird ein Korrekturfaktor q eingeführt, mit dem die außen angelegte Spannung multipliziert wird. Er ist ein Maß für die Spannungskonzentration, die an irgendwelchen Anomalien (Anomalienhypothese) auftritt und etwa mit dem makroskopischen Kerbwirkungsfaktor zu vergleichen. Als Anomalien im obigen Sinn sind z. B. Mosaikblockgrenzen oder sonstige Störstellen anzusehen. Der Wert von q ist aber nicht konstant, sondern variiert innerhalb des Materials. Es läßt sich jedoch eine Verteilungsfunktion $f(q)$ derart angeben, daß $f(q)dq$ die Anzahl der Anomalien darstellt, deren Korrekturfaktor im Bereich dq um q liegt.

Führt man dieses q in Gl. (2.1—2) ein, so erhält man

$$w = e^{-\frac{u\left(1-\frac{q\cdot\sigma}{\sigma_0}\right)^2}{kT}}. \qquad (2.1\text{—}3)$$

Für den Fall, daß $q = \text{const}$ ist, ist die Verformungsgeschwindigkeit $\varepsilon^\cdot$ diesem Ausdruck und der Gesamtzahl N der Anomalien proportional

$$\varepsilon^\cdot = N\cdot c\cdot e^{-\frac{u\left(1-\frac{q\cdot\sigma}{\sigma_0}\right)^2}{kT}}. \qquad (2.1\text{—}4)$$

Im anderen Fall wird noch über alle q integriert:

$$\varepsilon^\cdot = \int_1^\infty f(q)\cdot c\cdot e^{-\frac{u\left(1-q\frac{\sigma}{\sigma_0}\right)^2}{kT}}\,dq. \qquad (2.1\text{—}5)$$

Mit dieser Beziehung läßt sich dann bei gegebenem $f(q)$ der Kriechvorgang berechnen, wie in Kap. 2, Abschn. 5 gezeigt wird.

Engelhardt bestimmt die Verteilungsfunktion $f(q)$ aus Messungen der spontanen Dehnung; er läßt ferner die spezielle Gestalt des Exponenten noch offen und bestimmt sie aus dem Kriechversuch.

Smith dagegen rechnet mit dem Zähler als Ganzem. Er definiert

$$E = u\left(1 - q\frac{\sigma}{\sigma_0}\right)^2$$

und bildet entsprechend eine Verteilungsfunktion von E. Bei ihm ist also $g(E)\,dE$ die Anzahl der Anomalien, deren Aktivierungsenergie unter Berücksichtigung der Spannung σ im Intervall dE um E liegt. Aus Gründen der praktischen Rechnung machen nun alle die zusätzliche Vereinfachung, daß jede Anomalie nur einmal arbeitet. Unter dieser Voraussetzung erhält Smith das logarithmische Kriechgesetz, wenn er die Verteilungsfunktion als konstant ansetzt.

3. *Ansätze von Mott und Nabarro* [15]

Während die Vertreter der Anomalienhypothese Gitterstörungen einführen mußten, welche die plastische Verformung erleichtern, benutzen die Vertreter dieser Gruppe Gitterstörungen zum umgekehrten Effekt.

Die wesentlichen Arbeiten gehen auf Mott und Nabarro [16] zurück. Nachdem der Mechanismus der Erzeugung von Versetzungsringen durch Arbeiten einer Frank-Read-Quelle (Frank-Read [17]) in den Bereich der Untersuchung gerückt wurde, wurden die entsprechenden Formulierungen dieser neuen Betrachtungsweise angepaßt (Mott [18], Cottrell [19]).

Durch die FRANK-READ-Quelle wird die Erzeugung eines Versetzungsringes auf die Wanderung einer Versetzung zurückgeführt. Bei dieser Wanderung durch ein sonst ungestörtes Gitter sind nur Kräfte von der Art der PEIERLS-Kräfte zu überwinden, die eine bedeutend geringere Aktivierungsenergie ergeben, als sie auf Grund der Experimente gefordert werden müssen. Auch Verluste durch Energiedissipation infolge der sprungweisen Bewegung der Versetzung können die Diskrepanz nicht beseitigen.

Bei der FRANK-READ-Quelle kommt noch als weitere Bedingung hinzu, daß die geringste Schubkraft, die die Quelle zum Arbeiten bringt, mit der Quellenlänge durch die Beziehung

$$\tau_k = \frac{G \cdot b}{L} \qquad (2.3\text{—}1)$$

verknüpft ist. Wegen der großen Anzahl der beteiligten Atome kann hier jedoch nicht mit einer thermischen Aktivierung im Sinne der ARRHENIUS-Gleichung gerechnet werden. Eine Temperaturabhängigkeit des Vorganges kann daher nur über die Temperaturabhängigkeit des Schubmodels wirksam werden. Dieser Fall kann nur bei äußerst reinen Materialien ohne Verfestigung auftreten. Tatsächlich konnte hier die geringe Temperaturabhängigkeit beobachtet werden.

Als Ursache für die Erschwerung der Wanderung kommen verschiedene Effekte in Frage. Sie sind an verschiedenen Stellen untersucht worden. Als Beispiel für eine derartige Möglichkeit soll die von HEIDENREICH und SHOCKLEY [20] in den Kreis der Betrachtungen gezogene Bildung von Versetzungssprüngen (Jogs) behandelt werden.

Derartige Sprünge entstehen dann, wenn sich zwei Versetzungslinien bei ihrer Wanderung schneiden. Nehmen wir an, daß die Versetzungslinien vor dem Schnitt geradlinig waren, so enthalten sie nach dem Durchkreuzen einen Sprung vom Betrag und von der Richtung des BURGERS-Vektors der jeweils anderen Versetzung. Der Sprung bedeutet also im allgemeinen eine Verlängerung der Versetzungslinie, die wiederum mit einer Erhöhung der Energie verknüpft ist. Die Energie einer Versetzungslinie pro Atomlage ist ungefähr $G \cdot b^3$ (G = Schubmodul, b = Burgersvektor $\approx$ Atomabstand). Die Energie, die beim Kreuzen von zwei Versetzungen werden aufgebracht muß, ist daher

$$\alpha \cdot G\, b^3 \qquad (\alpha \approx 1)\,.$$

Es sei nun angenommen, daß die wandernde Versetzung eine Anzahl von Versetzungen schneidet und daß die Dichte (Anzahl der Versetzungen pro Flächeneinheit) ϱ ist. Wenn die wandernde Versetzung die Fläche F überschreitet, werden $\varrho \cdot F$ Sprünge gebildet. Die aufzuwendende Energie beträgt $A_1 = \alpha \cdot G\, b^3 \cdot \varrho\, F$. Von der äußeren Spannung σ wird die Arbeit $A_2 = \sigma\, b\, F$ aufgebracht. Wenn diese beiden Beträge gleich sind, d. h. wenn

$$\sigma = \alpha\, G\, b^2 \cdot \varrho \qquad (2.3\text{—}2)$$

ist, erfolgt die Bewegung ohne thermische Aktivierung spontan. Sonst muß die Differenzenergie durch thermische Aktivierung aufgebracht werden. Diese Energiedifferenz, bezogen auf einen einzelnen Sprung, erhält man, wenn man $F = 1/\varrho$ wählt. Sie ist dann

$$\Delta A = \alpha \cdot G\, b^3 - \sigma \frac{b}{\varrho}\,.{}^{*)} \qquad (2.3\text{—}3)$$

*) Hierbei ist angenommen, daß die kinetische Energie, die die wandernde Versetzung zwischen zwei Hindernissen erhält, voll ausgenutzt werden kann. HEYDENREICH und SHOCKLEY kommen in ihrer Arbeit, die nur statisch gerechnet ist, zu etwas anderen Ausdrücken, nämlich

$$\sigma = \alpha \cdot G\, b \cdot \varrho^{1/2}$$

$$\Delta A = \alpha\, G\, b^3 - \sigma \cdot \frac{b^2}{\varrho^{1/2}}\,.$$

Da nun, abgesehen von besonders gelagerten und seltenen Fällen immer mehrere Gleitsysteme arbeiten, wird die Versetzungsdichte im Verlauf der Verformung größer. Die makroskopisch feststellbare Dehnung ist proportional F. Wenn man nun die Arbeit nicht auf die Bildung eines Sprunges bezieht, sondern auf eine bestimmte Dehnungszunahme, so wird

$$\Delta A = \alpha \cdot G\, b^3 \frac{\varrho}{\varrho_0} - \sigma \frac{b}{\varrho_0}\,. \tag{2.3—4}$$

Das bedeutet, daß das erste Glied der Energiedifferenz während der Verformung wächst.

Ebenso wie in der hier dargestellten Abschätzung lassen sich auch für andere Modellvorstellungen ähnliche Ausdrücke entwickeln. Das Ergebnis dieser Vorstellungen kann folgendermaßen zusammengefaßt werden:

Zur Auslösung von Gleitschritten ist eine gewisse Aktivierungsenergie nötig. Durch die äußere Spannung wird die Aktivierungsenergie um einen bestimmten Betrag verringert. Andererseits wird sie im Verlauf der Verformung erhöht.
(Eigenverfestigung).

4. Die Eigenverfestigung der FRANK-READ-Quelle

Die in den beiden ersten Paragraphen angegebenen Ursachen können nur wirksam werden, wenn es sich um Stoffe handelt, die eine große Anzahl von Störstellen haben. Bei sehr reinen Stoffen, insbesondere auch bei Einkristallen, sind die dort angegebenen Verformungsmechanismen wenig wahrscheinlich. Es ist anzunehmen, daß auch hier die Verformung durch Betätigung einer FRANK-READ-Quelle erfolgt; und zwar arbeiten bei gegebener Spannung nur die Quellen, deren Länge ein bestimmtes Maß überschreitet. Diese Grenzlänge kann abgeschätzt werden zu

$$L = \frac{G \cdot b}{\sigma} \tag{2.4—1}$$

(G = Schubmodul, b = BURGERS-Vektor) .

Nach der ursprünglichen Vorstellung über die FRANK-READ-Quelle ist nach der Erzeugung eines Versetzungsringes die Quelle wieder in der Ausgangsposition, und sie kann beliebig viele Versetzungsringe erzeugen.

Die Abschätzung ergibt, daß die Länge einer derartigen Quelle etwa 10^4 Atomabstände beträgt. Wie bereits in Kap. 2, Abschn. 3 erwähnt wurde, ist es sehr unwahrscheinlich, daß diese große Anzahl durch BOLTZMANNsche Schwankungen die Potentialschwelle überwinden können. Man muß vielmehr annehmen, daß eine Quelle nur dann arbeitet, wenn die Versetzungslinie allein unter der Wirkung der Spannung σ über die labile Lage gehoben wird. Eine thermische Aktivierung der Quelle ist unwahrscheinlich. Eine Temperaturunabhängigkeit der sich aus Gl. (2.4—1) ergebenden kritischen Spannung

$$\sigma_k = \frac{G \cdot b}{L} \tag{2.4—2}$$

kann daher nur über die Temperaturabhängigkeit des elastischen Schubmoduls auftreten. Auf Grund dieser Überlegungen ist auch die bei reinen Stoffen beobachtete geringe Temperaturabhängigkeit der Streckgrenze verständlich.

Da die Gestalt der Quelle nach ihrer Betätigung die gleiche ist wie vorher, so müßte sie unter einer bestimmten Spannung immer weiter arbeiten. Tatsächlich kann man jedoch nur auf eine begrenzte Zahl (etwa $10^2 \cdots 10^3$) von Versetzungsringen schließen. Als Grund für die Begrenzung der Schrittzahl sind einige Vorstellungen entwickelt worden. TÄUBERT [21] sowie EDER und TÄUBERT [22] zeigten, daß sich die Quelle bei der Erzeugung von Versetzungsringen doch ändert. Bei gewissen Arten der Verankerung der beiden Eckpunkte der FRANK-READ-Quelle rollt sich die die Quelle bildende Versetzungslinie spiralig um die Festpunkte auf.

Die wirksame Länge der Quelle wird dadurch erniedrigt und die kritische Spannung gemäß Gl. (2.4—2) erhöht. Dieser Effekt wurde Eigenverfestigung der Frank-Read-Quelle genannt Nach dem Anlegen der Spannung arbeiten zunächst alle Quellen, deren kritische Spannung geringer ist als die angelegte. Diese spontane Verformung ist thermisch nicht aktivierbar und läuft so lange, bis die kritische Spannung der Quelle durch die Eigenverfestigung genügend weit angehoben wird und die Quelle zur Ruhe kommt. In den oben zitierten Arbeiten wird nun gezeigt, daß bei den verfestigten Quellen um die Ankerpunkte ein stark verspanntes Gebiet entsteht, das durch Diffusion wieder in den geordneten Zustand zurückgeführt werden kann. Diese Erholung aber ist thermisch aktivierbar, da jeweils nur wenige Atome im Spiel sind.

Sobald die Erholung wirksam wird, arbeitet die Quelle aufs Neue, da ihre kritische Spannung ja abnimmt. Dieses Spiel sieht dann von außen so aus, als sei die Arbeit der Quelle selbst thermisch aktivierbar.

In analoger Weise läßt sich die Vorstellung von Fisher, Hart und Pry [23] erweitern. Diese Verfasser sehen als Grund für die Beendigung der Quellentätigkeit die Rückwirkung von bereits erzeugten Versetzungsringen an. Diese Ringe, die noch nicht aufgelöst sind, werden an der Korngrenze aufgestaut. Sie erzeugen ein Spannungsfeld, das der von außen angelegten Spannung an der Quelle entgegenwirkt. Dort ist daher nur die Differenzspannung wirksam. Ist die Differenzspannung gleich der kritischen Spannung der Quelle, so hört diese auf, weiter zu arbeiten.

Werden nun, und das ist möglich, Versetzungen am Rand durch thermische Aktivierung aufgelöst, so sinkt die Spannungsrückwirkung, und die Quelle kann weiter arbeiten. Auch hier hat es dann den Anschein, als könnte die Arbeit der Quelle selbst thermisch aktiviert werden.

In jedem Fall wirkt also die Erzeugung von Versetzungsringen als Verfestigung, die dann durch Erholung rückgängig gemacht wird.

5. Rechnerische Behandlung des Kriechvorganges nach der Erschöpfungstheorie

Es überrascht, daß die angeführten Theorien zu sehr ähnlicher mathematischer Behandlung der Probleme führen. Es wurde von verschiedenen Autoren die Rechnung mit einigen Varianten durchgeführt, wie insbesondere von Smith [12], Mott [18], Lucas-Lüske [24] und Lippmann [14].

Infolge etwas unterschiedlicher Formulierung der Grundannahmen sind auch die Ergebnisse nicht vollkommen gleich. Die Unterschiede sind jedoch im Hinblick auf die eigenen Gedankengänge so geringfügig, daß hier nur die Arbeit von Lucas und Lücke als Prototyp kurz wiedergegeben werden soll.

Die Grundannahmen können folgendermaßen formuliert werden:

a) Das Kriechen ist ein thermisch aktivierbarer Prozeß. Ursache des Kriechvorganges, der in Sprüngen der Größe λ erfolgt, ist die Betätigung von Verformungszentren (Quellen).

b) Jeder dieser Quellen kann eine Aktivierungsenergie u zugeschrieben werden. Hierbei hängt u noch von der äußeren Spannung σ ab. Die Wahrscheinlichkeit dafür, daß diese Quelle in der Zeiteinheit betätigt wird, ist dann

$$w = \nu \cdot e^{-\frac{u}{kT}} . \tag{2.5—1}$$

c) Jede Quelle kann nur einmal betätigt werden. Sie scheidet dann aus dem weiteren Geschehen aus. Aus diesem Grund verarmt das Material im Laufe der Zeit an Quellen (Erschöpfungstheorie), was sich als Verfestigung auswirkt.

d) Es sind ursprünglich Quellen mit verschiedener Aktivierungsenergie u vorhanden. Hierbei wird eine Verteilungsfunktion $f_0(u)$ derart angenommen, daß $f(u)\,du$ die Anzahl der Quellen ist, die im Intervall du um u liegen.

e) Die Quellen arbeiten unabhängig voneinander. Jede Wechselwirkung der Quellen, sowohl gleicher als auch verschiedener Aktivierungsenergie untereinander, wird vernachlässigt. Es sei an dieser Stelle schon darauf hingewiesen, daß die Annahme c), die der Theorie den Namen Erschöpfungstheorie (exhaustion theory) gegeben hat, in der vorliegenden Arbeit kritisch untersucht und durch eine andere ersetzt werden soll. Hierbei sei nicht verschwiegen, daß auch die meisten früheren Autoren hier die schwache Stelle der Theorie sahen, ohne sie jedoch durch eine bessere zu ersetzen.

Aus diesen Annahmen folgt, und dies wird in den Originalarbeiten ausführlich gezeigt, daß sich die Verteilungsfunktion im Laufe der Zeit ändert. Zu jeder Zeit t wird die jeweilige Verteilungsfunktion durch $f(u, t)$ wiedergegeben. In dieser Schreibweise bedeutet

$$f_0(u) = f(u, o)$$

Explizit ist

$$f(u, t) = f_0(u) \cdot e^{-\nu \cdot t \cdot e^{-\frac{u}{kT}}} \qquad (2.5\text{—}2)$$

$$= f_0(u) \cdot \psi(u, t)\,. \qquad (2.5\text{—}2a)$$

Man erhält also die Verteilungsfunktion zu einer beliebigen Zeit, wenn man die Anfangsverteilung mit einer Funktion $\psi(u, t)$ multipliziert. Diese Funktion ist in Abb. 1 dargestellt.

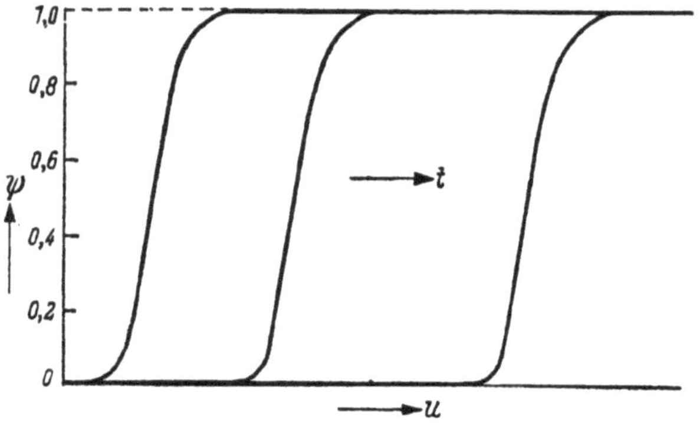

Abb. 1. Darstellung der Funktion $\psi(x, t)$

Betrachtet man sie für verschiedene Zeiten t, so stellt man fest, daß sie sich unter Wahrung der Gestalt von links nach rechts bewegt. Für kleine u ist $\psi(u, t) = 0$ und für große u ist die Funktion gleich 1. Dazwischen liegt ein schmales Übergangsgebiet. Bezeichnet man mit $\bar{u}$ den Wert von u für den $\psi = 1/2$ ist, so gilt

$$\bar{u} = k\,T \cdot \ln\left(\frac{\nu}{\ln 2}\,t\right). \qquad (2.5\text{—}3)$$

Für Überschlagsrechnungen kann man vielfach $\psi(u, t)$ durch eine Sprungfunktion ersetzen. Es ist dann

$$\psi(u, t) = 0 \quad \text{für} \quad u < \bar{u}\,, \qquad (2.5\text{—}4)$$

$$\psi(u, t) = 1 \quad \text{für} \quad u > \bar{u}\,. \qquad (2.5\text{—}4)$$

Die Verformungsgeschwindigkeit ist gegeben durch

$$\varepsilon^{\cdot}(t) = \lambda \cdot \nu \int_0^\infty f(u, t) \cdot e^{-\frac{u}{kT}}\,du = \lambda \cdot \nu \int_0^\infty f_0(u) \cdot \psi(u, t) \cdot e^{-\frac{u}{kT}}\,du\,. \qquad (2.5\text{—}5)$$

Schließlich ist die Gesamtdehnung

$$\varepsilon(t) = \int_0^t \varepsilon^{\cdot}(t)\, dt\,, \tag{2.5—6}$$

Aus der Annahme, daß jede Quelle nur einmal arbeitet, schließt man

$$\varepsilon = \lambda \left[\int_0^\infty f_0(u)\, du - \int_0^\infty f(u, t)\, du \right] \tag{2.5—7}$$

$$= \lambda \int_0^\infty f_0(u)\, [1 - \psi(u, t)]\, du\,. \tag{2.5—8}$$

Man kann Gl. (2.5—5) auch als FREDHOLMsche Integralgleichung deuten und so zu jeder experimentell gemessenen Kriechkurve $\varepsilon^{\cdot}(t)$ die Anfangsverteilung ermitteln. Es sind $\varepsilon^{\cdot}(t)$ und $f_0(u)$ einander eindeutig zugeordnet. Zwei Spezialfälle verdienen besonderes Interesse:

a) $f_0(u) =$ const ergibt das logarithmische Kriechgesetz,

b) $f_0(u) = A \cdot e^{\varkappa u}$ bedeutet das ANDRADEsche Potenzgesetz

$\varepsilon(t) = C \cdot e^{\alpha t}$ mit $\alpha = \varkappa\, k\, T$.

6. Beurteilung der Erschöpfungstheorie

Die Einführung der Erschöpfungstheorie zur rechnerischen Erfassung des Kriechvorganges bedeutet zweifellos einen großen Fortschritt und trägt zum Verständnis der beim Kriechen sich abspielenden Vorgänge bei. Die Tatsache, daß durch die Gleichungen der Kriechvorgang beschrieben werden kann, ist an sich noch nicht überraschend, da durch eine geeignete Wahl von $f_0(u)$ jedes Kriechgesetz $\varepsilon(t)$ erzwungen werden kann. Darüber hinaus ist es möglich, die Temperaturabhängigkeit und bei etwas spezielleren Annahmen auch die Lastabhängigkeit der Kriechkurve zu berechnen. Es ergibt sich hier in bestimmten Gebieten, vor allem bei nicht zu langer Zeit, eine verhältnismäßig gute Übereinstimmung mit dem Experiment. Die Existenz der „Zustandsgleichung"

$$\varepsilon^{\cdot} = F(\varepsilon, \sigma, T) \tag{2.6—1}$$

läßt sich zwanglos begründen.

Aus diesen Gründen darf angenommen werden, daß die Erschöpfungstheorie zumindest als recht gute Näherung aufgefaßt werden kann. Daneben sind allerdings eine Reihe schwerwiegender Mängel vorhanden. Aus diesem Grund sind von verschiedenen Autoren, insbesondere auch von den eingangs zitierten, Bedenken gegen die Ansätze geäußert worden. Der Hauptgrund dafür, daß sie trotzdem noch weitgehend zur Grundlage theoretischer Untersuchungen gemacht wird, dürfte das Fehlen eines besseren Ansatzes oder vielmehr einer damit durchgeführten Rechnung sein.

Die Hauptvorwürfe, die gegen die Erschöpfungstheorie erhoben werden, können folgendermaßen zusammengefaßt werden:

a) Der Funktionsverlauf $f_0(u)$ muß rein aus dem Experiment bestimmt werden. Die Theorie kann keinen Hinweis für eine Begründung geben.

b) Die Messung der verschiedenen Autoren, die einen großen Verformungsbereich untersucht haben, führen zu dem Schluß, daß $f_0(u)$ zunächst etwa exponentiell ansteigt (ANDRADEsches Gesetz) und später konstant bleibt, da die Verformung zum logarithmischen Fließgesetz übergeht. Das bedeutet aber, daß $\int_0^\infty f_0(u)\, du$, also die Anzahl der Quellen überhaupt, unendlich ist. Die Annahme von unendlich vielen Quellen hoher Aktivierungsenergie widerspricht jedoch unserer physikalischen Vorstellung.

c) Die Erschöpfungstheorie erfaßt keine Erholungsvorgänge, durch welche die durch die Verformung erzeugte Verfestigung im Laufe der Zeit wieder zurückgeht. Durch Erhöhung der Temperatur wird diese Erholung beschleunigt. Die Erholung dürfte vor allem in den Gebieten des Kriechens eine Rolle spielen, wo die „Zustandsgleichung" nicht mehr gilt.

d) Schließlich, und das ist wohl der stärkste Einwand, ist physikalisch nicht einzusehen, warum eine Quelle nur einmal arbeiten soll. Hier sind sich die Interpreten der Erschöpfungstheorie wohl alle einig, daß eine einmal betätigte Quelle nicht ausscheidet, sondern mit erhöhter Aktivierungsenergie weiter im Spiel bleibt.

Dies ist auch der erste Punkt, an dem die neue, hier entwickelte Theorie ansetzt.

Kapitel 3

Entwicklung einer neuen Kriechtheorie unter Berücksichtigung von Verfestigung und Erholung

1. Die Grundannahmen

Unter Berücksichtigung des bisher Gesagten soll nun eine neue, verbesserte Kriechtheorie aufgestellt werden. Sie basiert wie die Erschöpfungstheorie auf der Existenz thermisch aktivierbarer Quellen, die ebenfalls durch eine Verteilungsfunktion $n(u, t)$ dargestellt werden können.

Diesen Quellen werden jedoch abweichend von der Erschöpfungstheorie einige neue Eigenschaften zugeschrieben:

a) Die Quellen sollen nach ihrer Betätigung nicht ausscheiden. Ihre Aktivierungsenergie soll sich lediglich um den endlichen Betrag Δu erhöhen. Die Begründung dieser wesentlichen Annahme ergibt sich zwanglos aus der bisherigen Darstellung.

b) Die Quellen können nach beiden Richtungen arbeiten, d. h. so, daß sowohl eine Verlängerung als auch eine Verkürzung der Probe wirksam wird. Bei Abwesenheit einer äußeren Kraft sind beide Richtungen gleich wahrscheinlich und gleich häufig. Sie heben sich nach außen hin auf; es tritt also keine äußerlich wahrnehmbare Verformung auf.

Die Annahme mußte aufgenommen werden, um bei fehlender Belastung zur Verformungsgeschwindigkeit Null zu gelangen. Sie hat tatsächlich nur für diesen Fall und für sehr kleine Lasten Bedeutung. Man hätte statt dessen auch zwei verschiedene Arten von Quellen annehmen können, von denen jede in einer bestimmten Richtung arbeitet.

c) Unabhängig von der Richtung, in der die Quelle arbeitet, tritt die Verfestigung, d. h. die Erhöhung der Aktivierungsenergie um Δu auf.

Diese Annahme überrascht zunächst, sie ist der Ausdruck dafür, daß die Verfestigung unabhängig ist von der Verformungsrichtung. Der scheinbare Widerspruch zum BAUSCHINGER-Effekt beruht darauf, daß bei diesem auch andere Verhältnisse eine Rolle spielen. Bei der Annahme von zwei Arten von Quellen (vgl. Annahme b) erscheint diese Annahme zwanglos. Im übrigen tritt bei praktisch interessierenden Fällen fast nur Bewegung in einer Richtung auf, so daß diese Annahme dann gegenstandslos wird.

d) Wird an die Probe eine äußere Spannung σ angelegt, so erhöht sich die Aktivierungsenergie für die Bewegung in der einen Richtung um $\mu(\sigma)$, während sie für die andere Richtung um den gleichen Wert erniedrigt wird.

Diese spezielle Annahme wird durch die Überlegung in Kap. 2, Abschn. 3, nahegelegt. Es sei jedoch bemerkt, daß andere Modellvorstellungen zu etwas anderer Form dieses Ausdruckes führen. Die bekannten Vorstellungen führen meist auf einen Ausdruck von der Form

$$u = u_0 \left(1 \pm \frac{\mu(\sigma)}{u_0}\right)^{\varkappa} \tag{3.1—1a}$$

oder auch

$$u = u_0 \left[1 \pm \left(\frac{\mu(\sigma)}{u_0}\right)^{\varkappa}\right], \tag{3.1—1b}$$

wobei $\varkappa$ zwischen 1 und 2 liegen soll. Unsere Annahme läuft auf $\varkappa = 1$ heraus. Die Richtigkeit der Annahme kann durch das Experiment entschieden werden. Wenn auch $\varkappa = 1$ zu besonders einfachen Ausdrücken in der Rechnung führt, so darf doch angenommen werden, daß andere Annahmen ähnliche Ergebnisse liefern. Daß durch Reihenentwicklung Gl. (3.1—1a) für kleine σ immer auf unsere Form gebracht werden kann, sei kurz angemerkt.

e) Unabhängig von der Aktivierungsenergie u bzw. $(u \pm \mu(\sigma))$ existiert eine andere Aktivierungsenergie v für die Erholung. Wenn eine Quelle mit dieser Aktivierungsenergie arbeitet, springt sie in einen Zustand, dessen Aktivierungsenergie sich von der ursprünglichen um $\pm \Delta v$ unterscheidet. Die Wahrscheinlichkeit für die Bewegung in beiden Richtungen ist hier in jedem Fall gleich groß, auch bei äußerer Belastung. Dieses Arbeiten ist nicht mit einer (sichtbaren) Verformung verbunden. Da die die Erholung bewirkende Aktivierungsenergie besonders bei starker Verfestigung wirksam wird, muß v gegenläufig zu u sein. Der Ansatz

$$v = V - u \tag{3.2—2}$$

liegt daher nahe. Es soll der Einfachheit halber $|\Delta v| = |\Delta u|$ gesetzt werden. Eine andere Annahme würde die Rechnung nur unwesentlich ändern.

Diese Annahme soll den Erholungseinfluß darstellen. Es wurde davon ausgegangen, daß die Erholung ein Diffusionsprozess ist, der unabhängig von äußeren Einflüssen (er ist natürlich temperaturabhängig) abläuft. Als Modell mag man sich z. B. vorstellen, daß die Sprünge in den Versetzungslinien durch Diffusion wieder abgebaut werden können.

2. *Aufstellung der Grundgleichungen*

Wenn zur Zeit t die Verteilungsfunktion $n(u, t)$ gilt, so sei die Anzahl der Quellen, deren Aktivierungsenergie im Bereich du liegt.

$$\frac{1}{k\,T}\, n(u, t)\, du\,.$$

Von diesen Quellen arbeitet im Zeitintervall dt in der einen Richtung die Anzahl

$$\frac{n(u, t)}{k\,T} \cdot \bar{c}_1 \cdot e^{-\frac{u - \mu(\sigma)}{k\,T}}\, du\, dt\,,$$

während in der anderen Richtung die Anzahl

$$\frac{n(u_0\, t)}{k\,T} \cdot \bar{c}_1 \cdot e^{-\frac{u + \mu(\sigma)}{k\,T}}\, du\, dt$$

arbeitet. $\bar{c}_1$ ist hierbei eine Konstante.

Der Beitrag, den diese Quellen zur Verformung liefern, ist

$$\lambda \cdot \frac{n(u, t)}{k\,T} \cdot \bar{c}_1 \left[e^{-\frac{u - \mu(\sigma)}{k\,T}} - e^{-\frac{u + \mu(\sigma)}{k\,T}}\right] du\, dt\,.$$

Die Verformungszunahme $d\varepsilon$, die die Probe in der Zeit dt erfährt, und die von den Quellen aller Aktivierungsenergiewerte geliefert wird, ergibt sich durch Integration über u:

$$d\varepsilon = \frac{\lambda \cdot \bar{c}}{k\,T} \int_0^\infty n(u, t) \left[\varepsilon^{-\frac{u-\mu(\sigma)}{k\,T}} - e^{-\frac{u+\mu(\sigma)}{k\,T}}\right] du\, dt \qquad (3.2\text{—}1)$$

oder

$$\varepsilon^{\cdot} = \frac{d\varepsilon}{dt} = \frac{\lambda \cdot \bar{c}}{k\,T} \int_0^\infty n(u, t) \left[e^{-\frac{u-\mu(\sigma)}{k\,T}} - e^{-\frac{u+\mu(\sigma)}{k\,T}}\right] du\,. \qquad (3.2\text{—}2)$$

Auf die Tatsache, daß für $\mu \geq u$ zur Betätigung der Quelle keine thermische Aktivierung nötig ist, und daß in diesem Bereich die Rechnung in anderer Weise durchgeführt werden müßte, soll später eingegangen werden.

Die Gleichung (3.2—2) läßt sich durch ausklammern von $e^{-\frac{u}{k\,T}}$ umformen:

$$\varepsilon^{\cdot} = \frac{\lambda \cdot \bar{c}}{k\,T} \int_0^\infty n(u, t)\, e^{-\frac{u}{k\,T}} \left[e^{+\frac{\mu(\sigma)}{k\,T}} - e^{-\frac{\mu(\sigma)}{k\,T}}\right] du = 2\,\frac{\lambda \cdot \bar{c}_1}{k\,T} \sinh \frac{\mu(\sigma)}{k\,T} \cdot \int_0^\infty n(u, t)\, e^{-\frac{u}{k\,T}}\, du\,. \qquad (3.2\text{—}3)$$

Es ist vorteilhaft, die Verteilungsfunktion n so zu normieren, daß

$$\int_0^\infty n(u, t)\, du = k\,T$$

wird. Dann muß die Gesamtzahl Z der Quellen vor das Integral geschrieben werden. Im Folgenden soll unter n dieser normierte Wert verstanden werden.

Diese Normierung ist sinnvoll, weil sie während des Kriechvorganges erhalten bleibt; Z ist also für das betreffende Material eine Konstante.

Es soll ferner eine dimensionslose Variable $x = \frac{u}{k\,T}$ eingeführt werden. Damit schreibt sich die Gl. (3.2—3)

$$\varepsilon^{\cdot} = 2\,\lambda\,\bar{c}_1 \cdot Z \cdot \sinh \frac{\mu(\sigma)}{k\,T} \int_0^\infty n[u(x)\, t]\, e^{-x}\, dx\,.$$

Statt $n[u\,(x), t]$ soll im folgenden, wo keine Verwechslung möglich ist, direkt $n(x, t)$ geschrieben werden. Wir erhalten so die endgültige Beziehung

$$\varepsilon^{\cdot} = 2\,\lambda\,\bar{c}_1 \sinh \frac{\mu(\sigma)}{k\,T} \int_0^\infty n(x, t)\, e^{-x}\, dx\,. \qquad (3.2\text{—}4)$$

Hierbei ist $x = u/k\,T$ und n so normiert, daß

$$\int_0^\infty n(x, t)\, dx = 1 \qquad (3.2\text{—}6)$$

wird.

Die Verformung ε ergibt sich durch Integration.

$$\varepsilon = \int_0^t \varepsilon^{\cdot}\, dt\,. \qquad (3.2\text{—}7)$$

Wegen Gl. (2.1—1) und (2.1—2) wird

$$1 + \delta = e^{\varepsilon} = 1 + \frac{l - l_0}{l_0}\,.$$

Daraus ergibt sich die Probenlänge

$$l = l_0 \cdot e^{\varepsilon}\,. \qquad (3.2\text{—}8)$$

Nach Gl. (3.2—4) läßt sich die Verformungsgeschwindigkeit in zwei Faktoren aufspalten. Der erste Faktor $\sinh \frac{\mu(\sigma)}{k\,T}$ ist außer von der Temperatur nur von der Spannung abhängig, während der zweite Faktor $\int_0^\infty n \cdot e^{-x}\, dx$ ein Maß für den Verfestigungszustand der Probe ist. Dieser zweite Faktor ist insbesondere unabhängig von der Spannung.

Die zu lösende Aufgabe läuft darauf hinaus, den zweiten Faktor zu untersuchen, in erster Linie ist $n(x, t)$ zu bestimmen.

Um diese Aufgabe zu lösen, greifen wir eine Stelle heraus und untersuchen die zeitliche Änderung von $n(u, t)$, d. h. $\frac{\partial}{\partial t}\, n(u, t)$.

Zunächst sei der Anteil der Verfestigung an dieser Änderung untersucht. Nach den gemachten Grundannahmen wird durch jedes Arbeiten einer Quelle ihre Aktivierungsenergie geändert, nämlich erhöht. Die ursprünglich im Gebiet bei u vorhandenen Quellen werden durch diesen Vorgang aus dem Gebiet herausgenommen. Es ist daher

$$\left.\frac{\partial n}{\partial t}\right|_1 = -\bar{c}_1 \cdot n(u, t)\left[e^{-\frac{u-\mu(\sigma)}{k\,T}} + e^{-\frac{u+\mu(\sigma)}{k\,T}}\right].$$

Es sei darauf besonders hingewiesen, daß hier die beiden Glieder addiert werden müssen, im Gegensatz zu Gl. (3.2—1.)

Nun müssen noch die Quellen beachtet werden, deren Aktivierungsenergie ursprünglich $u - \Delta u$ ist. Diese Quellen springen nämlich durch ihre Tätigkeit gerade in das betrachtete Gebiet. Daher ist dieser zweite Anteil

$$\left.\frac{\partial n}{\partial t}\right|_2 = +\bar{c}_1 \cdot n\,(u - \Delta u, t)\left[e^{-\frac{u-\Delta u-\mu(\sigma)}{k\,T}} + e^{-\frac{u-\Delta u+\mu(\sigma)}{k\,T}}\right].$$

Die durch die Verfestigung bedingte Änderung von n sei $\left.\frac{\partial n}{\partial t}\right|_v$. Sie ist gegeben durch

$$\left.\frac{\partial n}{\partial t}\right|_v = \left.\frac{\partial n}{\partial t}\right|_1 + \left.\frac{\partial n}{\partial t}\right|_2 = -\bar{c}_1\left(e^{\frac{\mu(\sigma)}{k\,T}} + e^{-\frac{\mu(\sigma)}{k\,T}}\right)\left[n(u, t) e^{-\frac{u}{k\,T}} - n\,(u - \Delta u)\, e^{-\frac{u-\Delta u}{k\,T}}\right].$$

Man kann nun $n(u, t) \cdot e^{-\frac{u}{k\,T}}$ in eine TAYLORreihe entwickeln. Bricht man nach dem ersten Glied ab, so wird

$$n\,(u - \Delta u, t) \cdot e^{-\frac{u-\Delta u}{k\,T}} = n(u, t)\, e^{-\frac{u}{k\,T}} - \Delta u \frac{\partial}{\partial u}\left[n(u, t)\, e^{-\frac{u}{k\,T}}\right] + \dots$$

Geht man mit dieser Entwicklung in den obigen Ausdruck ein, so ergibt sich

$$\left.\frac{\partial n}{\partial t}\right|_v = -2\,\bar{c}_1 \cosh\frac{\mu(\sigma)}{k\,T} \cdot \Delta u \cdot \frac{\partial}{\partial u}\left[n(u, t)\, e^{-\frac{u}{k\,T}}\right],$$

oder, wenn man auch hier $x = \frac{u}{k\,T}$ einführt,

$$\left.\frac{\partial n}{\partial t}\right|_v = -2\,\bar{c}_1 \frac{\Delta u}{k\,T} \cosh\frac{\mu(\sigma)}{k\,T} \cdot \frac{\partial}{\partial x}\left[n(x, t)\, e^{-x}\right] = -c_1 \cdot \frac{\partial}{\partial x}\left[n(x, t) \cdot e^{-x}\right] \tag{3.2—9}$$

mit

$$c_1 = 2\,\bar{c}_1 \frac{\Delta u}{k\,T} \cosh\frac{\mu(\sigma)}{k\,T}. \tag{3.2—9a}$$

In analoger Weise kann die Veränderung durch die Erholung ermittelt werden. Es müssen hier vier Terme berücksichtigt werden. Die entsprechenden Sprungrichtungen sind in Abb. 2 angedeutet. Es ist demnach

$$\begin{aligned}\left.\frac{\partial n}{\partial t}\right|_{erh} = &+ \bar{c}_2\, n\,(v - \Delta v,\, t) \cdot e^{-\frac{v-\Delta v}{kT}} \\ &- \bar{c}_2\, n(v, t) \cdot e^{-\frac{v}{kT}} \\ &+ \bar{c}_2\, n\,(v + \Delta\, v, t)\, e^{-\frac{v+\Delta v}{kT}} \\ &- \bar{c}_2\, n(v, t)\, e^{-\frac{v}{kT}}.\end{aligned}$$

Entsprechend den Grundannahmen führt man noch $v = V - u$ sowie $|\Delta v| = |\Delta u|$ ein und erhält nach dem Zusammenfassen

$$\left.\frac{\partial n}{\partial t}\right|_{erh} = \bar{c}_2 \cdot e^{-\frac{V}{kT}} \left[n\,(u + \Delta u, t) \cdot e^{\frac{u+\Delta u}{kT}} - 2\, n(u, t)\, e^{\frac{u}{kT}} + n\,(u - \Delta u, t)\, e^{\frac{u-\Delta u}{kT}} \right]. \qquad (3.2\text{—}10)$$

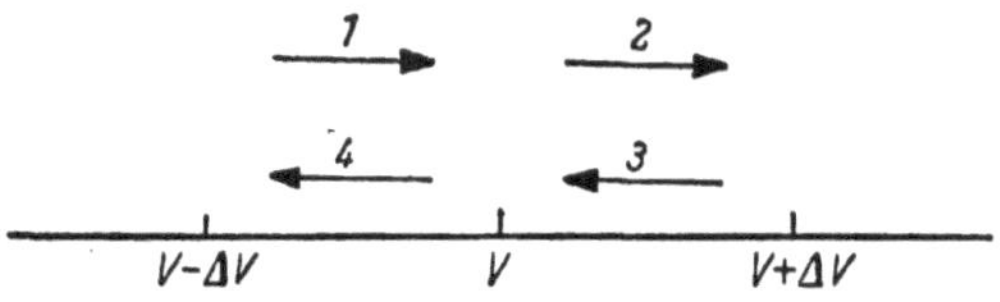

Abb. 2. Bezeichnung der Erholungssprünge

Der Ausdruck in der eckigen Klammer kann als zweite Differenz einer Funktion

$$f(u) = n(u, t)\, e^{\frac{u}{kT}}$$

aufgefaßt werden.
Es ist nämlich der 2. Differenzenquotient

$$\frac{\Delta^2 f}{\Delta u^2} = \frac{f\,(u + \Delta u) - 2\, f(u) + f\,(u - \Delta u)}{\Delta u^2}.$$

Dieser Differenzenquotient soll nun näherungsweise durch den entsprechenden Differentialquotienten ersetzt werden. Es soll also gelten:

$$\frac{\Delta^2 f}{\Delta u^2} \approx \frac{d^2 f}{du^2}.$$

Damit kann Gl. (3.2—10) geschrieben werden

$$\left.\frac{\partial n(u, t)}{\partial t}\right|_{erh} = \bar{c}_2\, e^{-\frac{V}{kT}}\, \Delta u^2\, \frac{\partial^2}{\partial u^2} \left[n(u, t)\, \varepsilon^{\frac{u}{kT}} \right]. \qquad (3.2\text{—}11)$$

Führt man auch hier wieder $x = u/k\,T$ ein und schreibt $n(u(x), t)$, da keine Verwechslung möglich ist, als $n(x, t)$, so erhält man

$$\left.\frac{\partial n(x, t)}{\partial t}\right|_{erh} = \bar{c}_2 \cdot e^{-\frac{V}{kT}} \left(\frac{\Delta u}{k\,T}\right)^2 \cdot \frac{\partial^2}{\partial x^2}\, [n(x, t) e^x] = c_2 \cdot \frac{\partial^2}{\partial x^2}\, [n(x, t)\, e^x] \qquad (3.2\text{—}12)$$

mit

$$c_2 = \bar{c}_2\, e^{-\frac{V}{kT}} \left(\frac{\Delta u}{k\,T}\right)^2. \qquad (3.2\text{—}12a)$$

Schließlich kann man noch Gl. (3.2—9) und (3.2—12) zusammenfassen

$$\frac{\partial n(x, t)}{\partial t} = - c_1\, \frac{\partial}{\partial x}\, [n(x, t)\, e^{-x}] + c_2\, \frac{\partial^2}{\partial x^2}\, [n(x, t)\, e^x] \qquad (3.2\text{—}13)$$

$$n^{\cdot} = - c_1\, (n \cdot e^{-x})' + c_2\, (n \cdot e^{+x})''. \qquad (3.2\text{—}13a)$$

Hierbei ist, wie üblich, die Ableitung nach der Zeit durch einen Punkt und die Ableitung nach x durch einen Strich gekennzeichnet. Diese Gleichung (3.2—13) soll als Hauptgleichung des Problems bezeichnet werden. Wenn sie gelöst ist, lassen sich die interessierenden Größen ε' und ε gemäß Gl. (3.2—4) und (3.2—7) durch Quadratur bestimmen.

Für den Fall $c_2 \neq 0$ kann man noch durch c_2 dividieren und man erhält die etwas einfachere Form

$$\frac{\partial n}{\partial \tau} = -2\,C\,(n \cdot e^{-x})' + (n \cdot e^{x})'' \tag{3.2—14}$$

mit

$$\tau = c_2 \cdot t = \bar{c}_2 \cdot e^{-\frac{V}{k\,T}} \left(\frac{\Delta u}{k\,T}\right)^2 \cdot t \tag{3.2—15}$$

$$C = \frac{c_1}{2\,c_2} = \frac{\bar{c}_1}{\bar{c}_2} \cdot \frac{k\,T}{\Delta u} \cdot e^{+\frac{V}{k\,T}} \cdot \cosh \frac{\mu(\sigma)}{k\,T}\,. \tag{3.2—16}$$

3. Zusammenstellung der Grundgleichungen

Es sollen nachfolgend die Grundgleichungen und Definitionen nochmals zusammengestellt werden, da sie das Fundament der Rechnung bilden.

Die Hauptgleichung des Problems lautet

$$n^{\cdot} = -c_1\,(n \cdot e^{-x})' + c_2\,(n \cdot e^{+x})'' \tag{3.2—13}$$

oder für $c_2 \neq 0$ in dimensionsloser Form

$$\frac{\partial n}{\partial \tau} = -2\,C\,(n \cdot e^{-x})' + (n \cdot e^{x})'' \tag{3.2—14}$$

mit

$$x = \frac{u}{k\,T} \tag{3.2—5}$$

$$c_1 = 2\,\bar{c}_1\,\frac{\Delta u}{k\,T} \cosh \frac{\mu(\sigma)}{k\,T} \tag{3.2—9a}$$

$$c_2 = \bar{c}_2 \left(\frac{\Delta u}{k\,T}\right)^2 e^{-\frac{V}{k\,T}} \tag{3.2—12a}$$

$$C = \frac{c_2}{2\,c_2} = \frac{\bar{c}_1}{\bar{c}_2}\,\frac{k\,T}{\Delta u} \cdot e^{\frac{V}{k\,T}} \cosh \cdot \frac{\mu(\sigma)}{k\,T} \tag{3.2—16}$$

$$\tau = c_2 \cdot t = \bar{c}_2 \left(\frac{\Delta u}{k\,T}\right)^2 \cdot e^{-\frac{V}{k\,T}} \cdot t\,. \tag{3.2—15}$$

Hierbei ist $n(x, t)$ die Verteilungsfunktion oder einfach die Verteilung der Quellen. Speziell ist die Anfangsverteilung

$$n(x, 0) = n_0(x)\,.$$

Aus der Verteilungsfunktion ergibt sich durch Quadratur die Dehnungsgeschwindigkeit

$$\varepsilon^{\cdot} = 2\,\lambda\,\bar{c}_1 \cdot Z \cdot \sinh \frac{\mu(\sigma)}{k\,T} \int\limits_0^\infty n(x, t) \cdot e^{-x}\,dx\,, \tag{3.2—4}$$

die Dehnung

$$\varepsilon = \int\limits_0^t \varepsilon^{\cdot}\,dt \tag{3.2—7}$$

und die Probenlänge

$$l = l_0 \cdot e^{\varepsilon}\,. \tag{3.2—8}$$

Die erste Aufgabe besteht nun in einer Diskussion der Hauptgleichung, die ja den Schlüssel für die weitere Untersuchung darstellt.

Kapitel 4

Diskussion der Hauptgleichung

1. Spezialfall $c_2 = 0$

Es ist zweckmäßig, zunächst den Spezialfall $c_2 = 0$ zu erledigen, der bei der Aufstellung der Hauptgleichung in dimensionsloser Form ausgeschlossen wurde. Physikalisch bedeutet dies eine Vernachlässigung der Erholungserscheinungen. Auch bei der Erschöpfungstheorie wird die Erholung vernachlässigt. Es wird sich nun zeigen, daß hier beide Theorien, was die experimentell nachprüfbaren Ergebnisse betrifft, einander äquivalent sind.

Vor der eigentlichen Diskussion dieser Ausgangsgleichung kann man jedoch noch eine physikalische Überlegung anstellen.

Hierbei soll die äußere Spannung so groß sein, daß Sprünge in der Gegenrichtung nicht auftreten. Es soll also

$$e^{-\frac{u+\mu(\sigma)}{kT}}$$

gegen

$$e^{-\frac{u-\mu(\sigma)}{kT}}$$

vernachlässigt werden.

$$e^{-\frac{u+\mu(\sigma)}{kT}} \ll e^{-\frac{u-\mu(\sigma)}{kT}} \tag{4.1—1}$$

oder

$$\cosh\frac{\mu(\sigma)}{k\,T} \approx \frac{e^{\frac{\mu(\sigma)}{kT}}}{2}\,. \tag{4.1—2}$$

Unter dieser Voraussetzung, die übrigens bei den bekannten Interpretationen der Erschöpfungstheorien ebenfalls gemacht wurden, kann die Dehnung ε direkt aus der Verteilungsfunktion abgelesen werden.

Wenn unter diesen Voraussetzungen eine Quelle eine Anzahl, z. B. $\varkappa$ Sprünge ausgeführt hat, so erhöht sich ihre Aktivierungsenergie um $\varkappa \cdot \Delta u$. Wenn sie ursprünglich u_0 war, so wird sie nach den Sprüngen $u = u_0 + \varkappa\,\Delta u$. Daraus folgt

$$\varkappa = \frac{u - u_0}{\Delta u}\,. \tag{4.21—3}$$

Wenn man zur Verteilungsfunktion übergeht, so ergibt sich

$$\varkappa = Z\,\frac{1}{k\,T\cdot\Delta u}\int_0^\infty n\,(u - u_0)\,du = Z\,\frac{1}{k\,T\cdot\Delta u}\left[\int_0^\infty n\cdot u\,du - \int_0^\infty n_0\,u\,du\right],$$

oder, wenn man wieder x einführt

$$\varkappa = Z\,\frac{k\,T}{\Delta u}\left[\int_0^\infty n(x,t)\,x\,dx - \int_0^\infty n_0(x)\,x\,dx\,.\right.$$

Es ist aber

$$\varepsilon = \lambda \cdot \varkappa$$

und folglich

$$\varepsilon = \lambda \cdot Z \frac{k\,T}{\Delta u}\left[\int_0^\infty n(x, t)\, x\, dx - \int_0^\infty n_0(x)\, x\, dx\right] \tag{4.1—4}$$

Durch partielle Integration erhält man hieraus, wenn man noch

$$N(x, t) = \int_0^x n(x, t)\, dx \tag{4.1—5}$$

einführt und entsprechend

$$N_0(x) = \int_0^x n_0(x)\, dx \tag{4.1—5a}$$

setzt,

$$\varepsilon = \lambda \cdot Z \frac{k\,T}{\Delta u}\left\{\int_0^\infty N_0(x)\, dx - \int_0^\infty N(x, t)\, dx + [N(x, t) \cdot x]_0^\infty - [N_0(x)\, x]_0^\infty\right\}. \tag{4.1—6}$$

Die beiden Ausdrücke in den eckigen Klammern lauten ausführlich und in anderer Ordnung

$$\lim_{x \to \infty} \{N(x, t) - N_0(x)\}\, x - [N(0, t) \cdot 0 - N_0(0) \cdot 0]\,.$$

Da die Gesamtzahl der Quellen konstant bleibt, und $Z \cdot N(\infty, t)$ diese Anzahl darstellt, verschwindet der Grenzwert. Das zweite Glied wird 0, weil jeder Ausdruck einzeln verschwindet.

Gl. (4.1—6) nimmt damit folgende Form an:

$$\varepsilon = \lambda \cdot Z \frac{k\,T}{\Delta u}\left\{\int_0^\infty N_0(x)\, dx - \int_0^\infty N(x, t)\, dx\right\}. \tag{4.1—7}$$

Ein Vergleich mit Gl. (2.4—7) zeigt, daß beide Theorien analoge Formeln ergeben. Der Verteilungsfunktion f der Erschöpfungstheorie entspricht das Integral N über der Verteilungsfunktion n der Verfestigungstheorie. Außerdem ist $\lambda \frac{k\,T}{\Delta u}$ statt λ zu setzen.

Wir werden dieser Analogie zwischen den beiden Theorien auch weiter begegnen.

Nach dieser Vorbemerkung, die eine gewisse Richtung der Untersuchung angibt, soll die Hauptgleichung für unseren Spezialfall $c_2 = 0$ näher untersucht werden.

$$\frac{\partial n(x, t)}{\partial t} = -c_1 \frac{\partial}{\partial x}(n \cdot e^{-x})\,. \tag{4.1—8}$$

Diese Gleichung ist mit der Anfangsbedingung $n(x, 0) = n_0(x)$ zu diskutieren, wobei $n_0(x)$ als bekannt vorausgesetzt werden soll. Die Lösung dieser Gleichung mit der Anfangsbedingung läßt sich in geschlossener Form angeben. Sie lautet:

$$n(x, t) = \frac{1}{1 - c_1 \cdot e^{-x}\, t} \cdot n_0\,[x + \ln(1 - c_1 \cdot e^{-x} \cdot t)] \tag{4.1—9a}$$

$$= \frac{1}{1 - c_1 \cdot e^{-x} \cdot t} \cdot n_0\,[\ln(e^x - c_1\, t)]\,. \tag{4.1—9b}$$

Die Richtigkeit dieser Lösung läßt sich durch Einsetzen in Gl. (4.1—8) nachträglich leicht bestätigen.

Der physikalische Sinn der Gl. (9a) läßt sich folgendermaßen interpretieren:

Gegeben sei die Anfangsverteilung $n_0(x)$. Diese Funktion hat nur für $x \geqq 0$ einen Sinn. Für $x < 0$ soll $n_0(x)$ verschwinden.

Man erhält dann den Funktionswert an der Stelle x zu einer bestimmten Zeit t, indem man n_0 an der Stelle $x - |\ln(1 - c_1 e^{-x} \cdot t)|$ nimmt und diesen Funktionswert mit dem Faktor $1/(1 - c_1 e^{-x} \cdot t)$ multipliziert. In Abb. 3 ist das Ergebnis dargestellt. Man sieht, daß $n(x, t)$

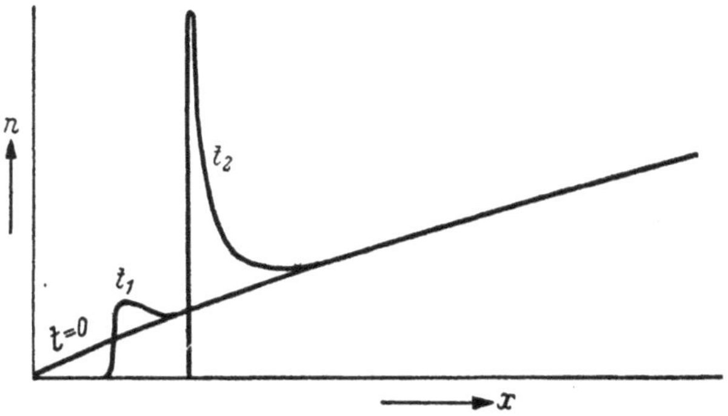

Abb. 3. Verteilungsfunktion für verschiedene Zeiten. (Nach (Gleichung 4.1—9))

im Wesentlichen von links her zusammengeschoben wird, während der rechte Teil praktisch unverändert bleibt. Da die Gesamtzahl der Quellen unverändert bleibt, ist der Flächeninhalt unter $n(x, t)$ konstant.

Gemäß Gl. (3.2—4) ist die Verformungsgeschwindigkeit gegeben durch

$$\varepsilon^{\cdot} = \text{const} \cdot \int_0^\infty n(x, t) \cdot e^{-x}\, dx\,.$$

Geht man mit Gl. (4.1—9) in diesen Ausdruck ein, so läßt sich das Integral folgendermaßen umformen:

$$\int_0^\infty n(x, t)\, e^{-x}\, dx = \int_0^\infty \frac{e^{-x}}{1 - c_1 e^{-x} t} \cdot n_0 [\ln(e^x - c_1 t)]\, dx = \int_0^\infty \frac{n_0 [\ln(e^x - c_1 t)]\, dx}{e^x - c_1 t}\,.$$

Durch die Substitution $\varrho = \ln(e^x - c_1 t)$ geht das Integral über in

$$\int_{\ln(1 - c_1 t)}^\infty \frac{n_0(\varrho)}{e^\varrho + c_1 t}\, d\varrho\,.$$

Da aber $n_0(x)$ für $x \leqq 0$ verschwindet, kann man das Integral auch von 0 bis ∞ erstrecken. Schreibt man nun wieder x als Integrationsvariable, so ergibt sich

$$\int_0^\infty n(x, t)\, e^{-x}\, dx = \int_0^\infty \frac{n_0(x)}{e^x + c_1 t}\, dx\,. \tag{4.1—10}$$

Durch partielle Integration erhält man

$$\int_0^\infty \frac{n_0(x)}{e^x + c_1 t}\, dx = \int_0^\infty N_0(x) \frac{e^x}{(e^x + c_1 t)^2}\, dx + \left[\frac{N_0(x)}{e^x + c_1 t}\right]_0^\infty .$$

Der letzte Ausdruck verschwindet an beiden Grenzen (bei 0, weil der Zähler verschwindet, und bei ∞, weil bei endlichem Zähler der Nenner über alle Grenzen wächst). Damit wird schließlich

$$\varepsilon^{\cdot} = \text{const} \int_0^\infty n(x, t)\, e^{-x}\, dx = \text{const} \int_0^\infty \frac{N_0(x) \cdot e^x}{(e^x + c_1 t)^2}\, dx = \text{const} \cdot \int_0^\infty N_0(x) \frac{1}{(1 + c_1 e^{-x} t)^2} \cdot e^{-x}\, dx$$

$$= \text{const} \cdot \int_0^\infty N_0(x) \cdot \varphi(x, t) \cdot e^{-x}\, dx \tag{4.1—11}$$

mit

$$\varphi(x, t) = \frac{1}{(1 + c_1 e^{-x} t)^2}. \tag{4.1—12}$$

Ein Vergleich mit Gl. (2.5—2), der entsprechenden Beziehung der Erschöpfungstheorie, zeigt auch hier die Übereinstimmung. In Abb. 4 ist der Verlauf von $\varphi(x, t)$ der Gl. (4.1—12) im Vergleich zu $\psi(x, t)$ der Erschöpfungstheorie dargestellt. Man sieht, daß beide Funktionen prak-

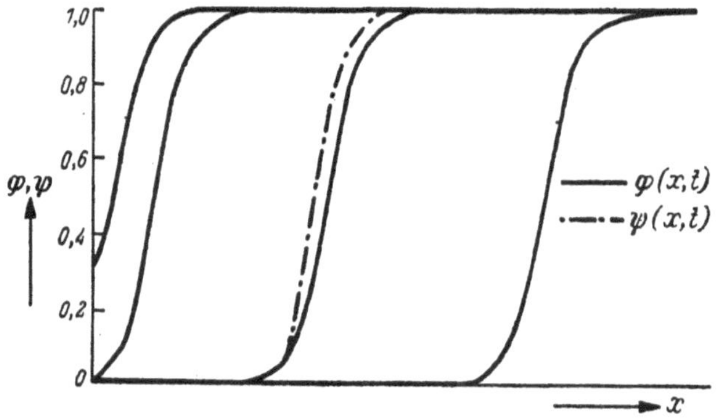

Abb. 4. Vergleich zwischen Erschöpfungs- und Verfestigungstheorie

tisch übereinstimmen. Beide bewegen sich unter Wahrung der Gestalt von links nach rechts. Die der Gl. (2.4—3) entsprechende Beziehung lautet hier

$$\bar{x} = \frac{\bar{u}}{k\,T} = \ln\left(\frac{c_1}{\sqrt{2} - 1} \cdot t\right). \tag{4.1—13}$$

Faßt man das Ergebnis dieses Paragraphen zusammen, so ergibt sich vor allem die Analogie zwischen Verfestigungstheorie und Erschöpfungstheorie. Die Verteilungsfunktion, die von der Erschöpfungstheorie gefordert wird, stellt das Integral über der Verteilungsfunktion nach der Verfestigungstheorie dar. Wenn man an diese Verteilungsfunktion die physikalisch vernünftige Forderung stellt, daß ihr Integral über x endlich bleibt und daß sie etwa die Gestalt einer Gaußkurve hat (Näheres über die Gestalt siehe Kap. 4, Abschn. 2), so ergibt sich für das Integral etwa das Fehlerintegral; also zunächst schneller Anstieg ($\sim$ Exponentialfunktion!) und dann Übergang zu einem konstanten Wert. Das ist aber gerade der Verlauf, wie er von der Erschöpfungstheorie (Lucas und Lücke) gefordert wird, und der physikalisch unverständlich bleiben mußte.

Man darf vielleicht sogar annehmen, daß die Erschöpfungstheorie, deren Grundannahme auch nach Ansicht ihrer Schöpfer bestimmt nicht richtig ist, nur wegen dieser Analogie und der dadurch bedingten Übereinstimmung mit dem Experiment ihre Bedeutung erlangen konnte.

Es sei an dieser Stelle aber betont, daß sich diese Übereinstimmung nur auf die experimentell ermittelten Werte, z. B. $\varepsilon^{\cdot}$ bezieht. Während bei der Erschöpfungstheorie auch der einzelne Funktionswert durch

$$f(u, t) = f_0(u) \cdot \psi(u, t)$$

erhalten werden könnte, gilt bei der Verfestigungstheorie die entsprechende Beziehung

$$N(x, t) \stackrel{?}{=} N_0(x) \cdot \varphi(x, t)$$

nicht, wie man leicht verifizieren kann. Die Beziehung (Gl. (4.1—11)) gilt nur für das Integral.

2. *Stationäre Lösung*

Es gibt für die Hauptgleichung

$$\frac{\partial n}{\partial t} = -c_1 \frac{\partial}{\partial x} (n \cdot e^{-x}) + c_2 \frac{\partial^2}{\partial x^2} (n \cdot e^{x}) \tag{3.2—13}$$

eine stationäre Lösung $n_\infty(x)$ in dem Sinn, daß die Lösung (bis auf einen konstanten Faktor) in die stationäre Lösung übergeht, wenn man von einer beliebigen Anfangsverteilung $n_0(x)$ ausgeht. Wählt man speziell die Anfangsverteilung schon gleich der stationären Lösung, so verändert sich die Verteilungsfunktion nicht, d. h. die zeitliche Ableitung verschwindet. Dies führt zur Bedingung

$$\frac{\partial n_\infty}{\partial t} = 0 = -c_1 \frac{\partial}{\partial x} (n_\infty \cdot e^{-x}) + c_2 \frac{\partial^2}{\partial x^2} (n_\infty \cdot e^{x}) \,. \tag{4.2—1}$$

Durch Integration ergibt sich hieraus

$$0 = -c_1 [n_\infty(x) \cdot e^{-x} - n_\infty(0)\, e^0] + c_2 \left\{\frac{d}{dx} [n_\infty(x) \cdot e^x]\Big|_x - \frac{d}{dx} [n_\infty(x) \cdot e^x]\Big|_0\right\}. \tag{4.2—2}$$

Es interessieren nur solche Fälle, für die $n_\infty(o)$ verschwindet. Dann wird

$$n'_\infty + n_\infty \left(1 - \frac{c_1}{c_2} e^{-2x}\right) = n'_\infty(0) \cdot e^{-x} \,. \tag{4.2—3}$$

Die Lösung dieser linearen Differentialgleichung lautet, wie man durch Einsetzen leicht bestätigen kann,

$$n_\infty(x) = \frac{n'_\infty(0)}{2} \cdot e^{-x - C \cdot e^{-2x}} \left[\overline{Ei}(C) - \overline{Ei}\,(C \cdot e^{-2x})\right] . \tag{4.2—4}$$

Hierbei ist $C = \frac{c_1}{2\,c_2}$ und $E\,i(\alpha)$ die Funktion Exponential-Integral mit der Definition

$$E\,i(\alpha) = \int_{-\infty}^{\alpha} \frac{e^{-x}}{x}\, dx \,.$$

$E\,i(\alpha)$ stellt ein uneigentliches Integral dar. Es ist bei JAHNKE-EMDE, Tafeln höherer Funktionen, tabelliert.

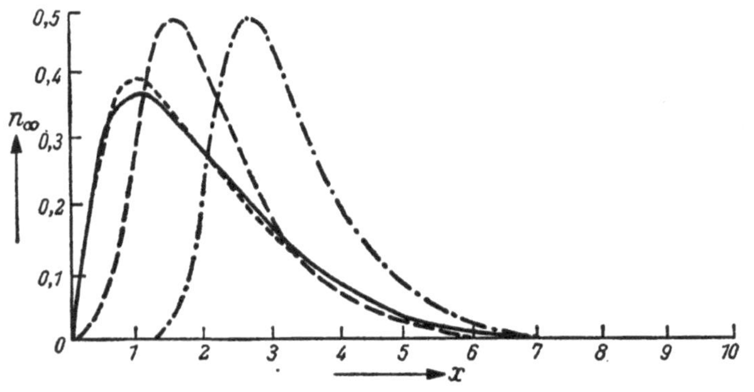

Abb. 5. Gleichgewichtsverteilung der Verformungszentren

Für große Werte von C geht Gl. (4.2—4) über in

$$n_\infty(x) = \text{const} \cdot e^{-x - C \cdot e^{-2x}} \,. \tag{4.2—5}$$

Dieser Ausdruck stellt übrigens für jedes C eine Lösung der Differentialgleichung (4.2—1) dar, jedoch wird die Anfangsbedingung $n_\infty(0) = 0$ nicht erfüllt. In Abb. 5 ist der Verlauf dieser Funktion für verschiedene Werte von C dargestellt. In jedem Fall stellt $n_\infty(x)$ eine Art Glockenkurve dar.

Der Wert der Konstanten in Gl. (4.2—5) ergibt sich aus der Normierungsbedingung

$$\int_0^\infty n_\infty(x)\,dx = 1\,. \tag{4.2—6}$$

Es werde dieses Integral zunächst bis zur oberen Grenze x berechnet. Analog Gl. (4.1—5) schreibt man also

$$N_\infty(x) = \int_0^x n_\infty(x)\,dx = \text{const}\cdot\int_0^x e^{-x-C\cdot e^{-2x}}\,dx\,. \tag{4.2—7}$$

Die Substitution $\xi = \sqrt{C}\cdot e^{-x}$ führt die Gleichung über in

$$N_\infty(x) = \text{const}\cdot\frac{1}{\sqrt{C}}\int_{\sqrt{C}\cdot e^{-x}}^{\sqrt{C}} e^{-\xi^2}\,d\xi = \frac{\text{const}}{\sqrt{C}}\cdot\frac{\sqrt{\pi}}{2}\left[\Phi\left(\sqrt{C}\right)-\Phi\left(\sqrt{C}\cdot e^{-x}\right)\right]. \tag{4.2—8}$$

Wird das Integral von Gl. (4.2—7) von Null bis ∞ angenommen, so erhält man wegen Gl. (4.2—6)

$$1 = \text{const}\cdot\frac{1}{2}\sqrt{\frac{\pi}{C}}\,\Phi\left(\sqrt{c}\right). \tag{4.2—9}$$

Für $C > 5$ unterscheidet sich $\Phi\left(\sqrt{C}\right)$ um weniger als $1{,}5\,^0/_{00}$ vom Wert 1, der bei $\Phi\,(\infty)$ erreicht wird. Setzt man also $\Phi\left(\sqrt{C}\right) = 1$, so bedeutet dies bei Berücksichtigung der Substitution, daß das Integral in Gl. (4.2—7) von $-\infty$ bis $+\infty$ angenommen wird.

Unter Berücksichtigung dieses Tatbestandes kann die Konstante aus Gl (4.2—9) ermittelt werden; es wird dann

$$n_\infty(x) = 2\sqrt{\frac{C}{\pi}}\,e^{-x-C\cdot e^{-2x}}\,. \tag{4.2—10}$$

Dieser Ausdruck soll der künftigen Rechnung zugrunde gelegt werden. Sollte in einem speziellen Fall C kleiner sein, als daß obige Abschätzung gültig bleibt, so muß dann auf Gl. (4.2—4) zurückgegriffen werden.

Die Normierung hat natürlich nur dann Sinn, wenn sie während des ganzen Vorganges erhalten bleibt. Es muß also gelten

$$\frac{\partial}{\partial t}\int_0^\infty n(x,t)\,dx = 0\,. \tag{4.2—11}$$

Die Richtigkeit dieser Forderung ergibt sich aus den physikalischen Annahmen über den Vorgang, nach denen die Anzahl der Quellen konstant bleibt. Trotzdem ist es zweckmäßig zu prüfen, ob diese Eigenschaften auch in die partielle Differentialgleichung übergegangen ist, oder ob sie beim Übergang von dem Differenzenquotienten zum Differentialquotienten verlorenging.

Zur Prüfung der Richtigkeit von Gl. (4.2—11) werde die Differentiation unter dem Integral ausgeführt. Man erhält

$$\frac{d}{dt}\int_{-\infty}^{+\infty} n(x,t)\,dx = \int_{-\infty}^{+\infty}\frac{\partial}{\partial t}\,n(x,t)\,dx = 0\,. \tag{4.2—11}$$

Den gleichen Ausdruck erhält man aber auch durch Integration der Hauptgleichung (3.2—13)

$$\int_{-\infty}^{+\infty}\frac{\partial}{\partial t}\,n\,dx = \int_{-\infty}^{+\infty}\left[-c_1\frac{\partial}{\partial x}(n\cdot e^{-x}) + c_2\frac{\partial^2}{\partial x^2}(n\cdot e^{x})\right]dx$$

$$= -c_1\left[n(x,t)\,e^{-x}\right]_{-\infty}^{+\infty} + c_2\left[\frac{\partial\,(n\cdot e^{x})}{\partial x}\right]_{-\infty}^{+\infty}. \tag{4.2—12}$$

Wenn nun n und n' im Unendlichen mindestens wie e^x verschwinden, so ist Gl. (4.2—12) erfüllt. Die Normierung bleibt also erhalten.

Abb. 5 läßt vermuten, daß $n_\infty(x)$ für größere C parallel nach rechts verschoben wird. Um diese Vermutung zu prüfen, werde die durch Gl. (4.2—10) gegebene Funktion um den Betrag β nach rechts verschoben.
Man erhält

$$n_\infty(x-\beta) = \frac{2}{\sqrt{\pi}}\sqrt{C}\cdot e^{-(x-\beta)-C\cdot e^{-2(x-\beta)}}$$

$$= \frac{2}{\sqrt{\pi}}\sqrt{C}\cdot e^{\beta}\cdot e^{-x-C\cdot e^{2\beta}\cdot e^{-2x}}$$

$$= \frac{2}{\sqrt{\pi}}\sqrt{C^+}\cdot e^{-x-C^+ e^{-2x}}$$

mit

$$C^+ = C\cdot e^{2\beta}$$

oder

$$\frac{C^+}{C} = e^{2\beta}$$

$$\beta = \ln\sqrt{\frac{C^+}{C}}\,. \qquad (4.2\text{—}13)$$

Durch diese Gleichung ist also der Betrag der Parallelverschiebung bestimmt und aus dem Verhältnis der C-Werte errechenbar. Das Maximum der durch Gl. (4.2—10) bestimmten Verteilung ergibt sich leicht durch Differentiation. Es ist

$$x_{max} = \ln\sqrt{2\,C}\,. \qquad (4.2\text{—}14)$$

Der entsprechende Funktionswert ist

$$n_\infty(x_{max}) = \sqrt{\frac{2}{e\cdot\pi}}\,. \qquad (4.2\text{—}15)$$

Der in diesem Paragraphen dargestellte Sachverhalt läßt sich auch anschaulich verstehen. Unter dem Einfluß der Verfestigung wird die Verteilungsfunktion nach rechts verschoben. Die Erholung wirkt dem entgegen und verschiebt nach links. Zwischen diesen beiden Einflüssen besteht ein Gleichgewichtszustand. Wird der Verfestigungseinfluß erhöht, (daß heißt, c_1 bzw. C vergrößert), so wandert die Gleichgewichtslage nach rechts.

3. Allgemeine Eigenschaften der Lösung

Es ist nicht gelungen, die allgemeine Lösung der Hauptgleichung in geschlossener Form anzugeben. Man ist daher gezwungen, für einige wichtige Spezialfälle Näherungslösungen zu entwickeln.

Es ist zwar möglich, durch den Ansatz

$$n(x, t) = R(x)\cdot S(t) \qquad (4.3\text{—}1)$$

die Variablen zu separieren. Statt der partiellen Differentialgleichung liegen dann zwei gewöhnliche Differentialgleichungen vor. Die zu den Anfangsbedingungen gehörige Lösung ergibt sich durch eine Reihen- bzw. Integraldarstellung. Für die praktische Auswertung ist jedoch diese Lösung zu unhandlich und unübersichtlich.

Bevor die verschiedenen Lösungswege diskutiert werden, soll noch ein Verschiebungssatz formuliert werden, der durch Gl. (4.2—13) nahegelegt wird:

Es seien zwei Anfangsverteilungen $n_0(x)$ und $n_0^+(x)$ gegeben, die durch Parallelverschiebung um β ineinander übergeführt werden können:

$$n_0\,(x - \beta) = n_0^+(x)\,. \tag{4.3—2}$$

Diese Verteilungen gehören zu zwei Hauptgleichungen

$$\frac{1}{c_2}\,\frac{\partial n}{\partial t} = -\,2\,C\,(n \cdot e^{-x})' + (n \cdot e^{x})''\,, \tag{4.3—3}$$

$$\frac{1}{c_2^+} \cdot \frac{\partial n^+}{\partial t^+} = -\,2\,C^+\,(n^+ \cdot e^{-x})' + (n^+ \cdot e^{x})''\,. \tag{4.3—4}$$

Es soll nun verlangt werden, daß Gl. (4.3—2) nicht nur für die Anfangsbedingung, sondern für jede Zeit t gelten soll. Dann kann Gl. (4.3—4) umgeschrieben werden:

$$\frac{1}{c_2^+}\,\frac{\partial}{\partial t^+}\,n\,(x-\beta) = -\,2\,C^+\,\big(n\,(x-\beta)\cdot e^{-x}\big)' + \big(n\,(x-\beta)\,e^{x}\big)''$$

mit $\xi = x - \beta$ geht dies über in

$$\frac{1}{c_2^+}\,\frac{\partial}{\partial t^+}\,n(\xi, t) = -\,2\,C^+\,\frac{\partial}{\partial \xi}\,[n(\xi)\,e^{-(\xi+\beta)}] + \frac{\partial^2}{\partial \xi^2}\,[n\,(\xi)\cdot e^{\xi+\beta}]$$

$$= -\,\varepsilon\,C^+\,e^{-\beta}\,\frac{\partial}{\partial \xi}\,[n(\xi)\cdot e^{-\xi}] + e^{\beta}\,\frac{\partial^2}{\partial \xi^2}\,[n(\xi)\cdot e^{\xi}]$$

$$\frac{1}{e^{\beta}\cdot c_2^+}\cdot\frac{\partial}{\partial t^+}\,n(\xi, t) = -\,2\,(C^+\cdot e^{-2\beta})\,\frac{\partial}{\partial \xi}\,[n(\xi,t)\,e^{-\xi}] + \frac{\partial^2}{\partial \xi^2}\,[n(\xi, t)\,e^{\xi}]\,. \tag{4.3—5}$$

Gl. (4.3—5) stimmt, wenn man wieder x statt ξ schreibt, formal mit Gl. 4.3—3 überein. Es müßte jedoch die Beziehung

$$C^+ \cdot e^{-2\beta} = C \tag{4.3—6}$$

und

$$t^+ \cdot e^{\beta}\,c_2^+ = t \cdot c_2 \tag{4.3—7}$$

erfüllt sein.

Dieser Satz sagt aus, daß bis auf einen konstanten Zeitfaktor der Verlauf der Kriechkurve nur von der relativen Lage von Anfangs- und Gleichgewichtsverteilung abhängt.

Die experimentellen Befunde zeigen, daß in vielen Fällen die Erholung vernachlässigt werden kann. Um diese Tatsache aus unserem Gleichungssystem abzuleiten, soll die Hauptgleichung

$$\frac{1}{c_2}\,\frac{\partial}{\partial t}\,n(x, t) = -\,2\,C\,(n \cdot e^{-x})' + (n \cdot e^{x})''$$

ausdifferenziert werden:

$$\frac{1}{c_2}\,\frac{\partial}{\partial t}\,n(x, t) = e^{x}\,[-\,2\,C \cdot e^{-2x}\,(n' + n) + (n'' + 2\,n' + n)]\,. \tag{4.3—8}$$

Liegen nun die von Null verschiedenen Werte von n in der Nähe des Maximums der Gleichgewichtsverteilung, d. h. wird

$$x \sim x_{max} = \ln\sqrt{2\,C}\,,$$

(vgl. Gl. (4.2—14)) so wird

$$2\,C \cdot e^{-2x} \approx 1\,. \tag{4.3—9}$$

Es haben in diesem Fall beide Klammern (Verfestigung und Erholung) etwa gleiches Gewicht. Ist dagegen x bedeutend kleiner,

$$x \ll x_{max}\,, \tag{4.3—10}$$

so überwiegt der Einfluß der Verfestigung gegenüber der Erholung. In diesem Fall kann die Erholung vernachlässigt werden. Man setzt dann also

$$c_2 \approx 0$$

und erhält die bereits in Kap. 4, Abschn. 1 erhaltenen Ergebnisse. Die so erhaltene Lösung gilt solange, wie die Aktivierungsenergie viel kleiner ist, als der Gleichgewichtsverteilung entspricht.

Kapitel 5

Lösungsmethoden zur Behandlung des Kriechvorganges

1. Die Anfangsverteilung

Durch die Überlegungen des vorigen Kapitels ist das Problem grundsätzlich gelöst, wenn die Anfangsverteilung $n_0(x)$ bekannt ist. Um hier zu einer vernünftigen Annahme zu kommen, kann man davon ausgehen, daß sich das Material zu Beginn der Versuche im Gleichgewichtszustand befindet. Die Verteilungsfunktion entspricht dann der Gleichung

$$n_0(x) = 2\sqrt{\frac{C_0}{\pi}}\, e^{-x - C_0 e^{-2x}}. \tag{5.1—1}$$

Der charakteristische Wert C_0 ergibt sich mit $\sigma = 0$, d. h.

$$\cosh\frac{\mu(\sigma)}{k\,T} = 1$$

zu

$$C_0 = \frac{\bar{c}_1}{\bar{c}_2} \cdot \frac{k \cdot T}{\Delta u} \cdot e^{\frac{V}{k\,T}}. \tag{5.1—2}$$

C_0 und damit die Gleichgewichtsverteilung sind also stark temperaturabhängig. Es ist daher in jedem Fall zu prüfen, ob sich der Gleichgewichtszustand tatsächlich schon eingestellt hat oder ob etwa ein anderer Zustand vorliegt. Besonders bei Versuchen, die bei tiefer Temperatur durchgeführt werden, kann man im Allgemeinen nicht damit rechnen, daß sich das Material im Gleichgewicht befindet.

Trotz dieser Bedenken soll zunächst angenommen werden, daß der Gleichgewichtszustand erreicht sei. Wird nun die Belastung σ aufgebracht, so ändert sich die Konstante C. Die Verteilung geht während des Kriechvorganges in den Endzustand

$$n_\infty(x) = 2\sqrt{\frac{C}{\pi}}\, e^{-x - C \cdot e^{-2x}} \tag{5.1—3}$$

mit

$$C = \frac{\bar{c}_1}{\bar{c}_2} \cdot \frac{k\,T}{\Delta u} \cdot e^{\frac{V}{k\,T}} \cdot \cosh\frac{\mu(\sigma)}{k\,T} \tag{5.1—4}$$

über.

Dieser neue Gleichgewichtszustand entsteht aus der Ausgangsverteilung durch Parallelverschiebung um den Betrag (vgl. Gl. (4.2—13))

$$\beta = \frac{1}{2}\ln\frac{C}{C_0} = \frac{1}{2}\ln\cosh\frac{\mu(\sigma)}{k\,T}. \tag{5.1—4}$$

Es sei bemerkt, daß für endliche Zeiten n i c h t gilt

$$n(x, t) \stackrel{?}{=} n_0\left(x + \beta(t)\right).$$

Nach dem Verschiebungssatz verläuft aber die Entwicklung für alle Fälle analog, wenn die relative Lage von Anfangs- und Gleichgewichtsverteilung übereinstimmt. Diese relative Lage ist im vorliegenden Fall durch $\frac{\mu(\sigma)}{k\,T}$ bestimmt. Man kann daraus schließen, daß sich die Kriechkurven für alle Materialien lediglich durch Maßstabsänderungen ineinander überführen lassen, wenn die Bedingungen so gewählt werden, daß $\frac{\mu(\sigma)}{k\,T}$ übereinstimmt. Speziell gilt dies auch für ein bestimmtes Material. Wenn man z. B. für verkürzte Prüfung des Kriechverhaltens die Spannung und gleichzeitig die Temperatur erhöht, so daß $\frac{\mu(\sigma)}{k\,T}$ konstant bleibt, so läßt sich die Kriechkurve durch Maßstabstransformation in die gesuchte Langzeitkurve überführen.

Wenn sich dagegen vor dem Versuch nicht der Gleichgewichtszustand eingestellt hat, liegen die Verhältnisse nicht so einfach. Sie sind jedoch überblickbar, wenn, wie es üblich ist, die Probe kurz vor dem Versuch geglüht und dann verhältnismäßig schnell abgekühlt wird. Man darf annehmen, daß dann ein zu der hohen Temperatur gehöriger Gleichgewichtszustand eingefroren wurde. Als diese Temperatur wird man etwa die Erholungstemperatur T_e annehmen.

Falls nun schließlich nicht so wohl definierte Verhältnisse vorliegen, so soll doch in grober Näherung angenommen werden, daß die Verteilungsfunktion durch die Gleichgewichtsverteilung zu irgendeiner Temperatur angenähert werden kann.

Prinzipiell kann natürlich die jeweilige Verteilungsfunktion aus der Hauptgleichung ermittelt werden, wenn man die ganze Vorgeschichte der Probe von der Schmelztemperatur an berücksichtigt. Eine derartige Rechnung dürfte aber zu umfangreich und wenig ergiebig sein. Aus diesem Grund soll die obige Näherung benutzt werden. Die Anfangsverteilung ist auch hier wieder durch Gl. (5.1—1) und (5.1—2) wiedergegeben

$$n_0(x^+) = 2\sqrt{\frac{C_{e0}}{\pi}}\, e^{-x^+ - C_{e0}\cdot e^{-2x^+}}, \tag{5.1—5}$$

$$C_{e0} = \frac{\bar{c}_1}{\bar{c}_2}\,\frac{k\,T_e}{\Delta u}\, e^{\frac{V}{k\,T_e}}. \tag{5.1—6}$$

Es ist jedoch zu beachten, daß x^+ sich auf die Temperatur T_e bezieht. Geht man über auf

$$u = x^+\, k\, T_e\,, \tag{5.1—7}$$

so ergibt sich

$$n_0(u) = 2\sqrt{\frac{C_{e0}}{\pi}}\, e^{-\frac{u}{k\,T_e} - C_{e0}\cdot e^{-2\frac{u}{k\,T_e}}}. \tag{5.1—8}$$

Zur Temperatur T gehört dann

$$x = \frac{u}{k\,T}, \tag{5.1—9}$$

d. h.

$$n_0(x) = 2\sqrt{\frac{C_{e0}}{\pi}}\, e^{-x\frac{T}{T_e} - C_{e0}\cdot e^{-2x\cdot\frac{T}{T_e}}}.$$

Damit die Normierung erhalten bleibt, muß diese Verteilung noch mit T/T_e multipliziert werden. Man erhält also endgültig

$$n_0(x) = 2\,\frac{T}{T_e}\sqrt{\frac{C_{e0}}{\pi}}\cdot e^{-x\frac{T}{T_e} - C_{e0}\cdot e^{-2x\frac{T}{T_e}}} \tag{5.1—10}$$

oder

$$n_0(x) = \frac{2}{\alpha}\sqrt{\frac{C_{e0}}{\pi}}\, e^{-\frac{x}{\alpha} - C_{e0}e^{-2\frac{x}{\alpha}}}, \tag{5.1—10a}$$

wo der Unterkühlungsfaktor

$$\alpha = \frac{T_e}{T} \tag{5.1—11}$$

eingeführt wurde.

2. *Die Anfangsgeschwindigkeit*

Nachdem durch Gl. (5.1—10) die Anfangsverteilung festgelegt ist, kann die Anfangsgeschwindigkeit $\dot{\varepsilon}_0$ sofort hingeschrieben werden. Nach Gl. (3.2—4) ist nämlich

$$\dot{\varepsilon}_0 = 2\,\lambda\,\bar{c}_1\,Z \sinh\frac{\mu(\sigma)}{k\,T}\int\limits_{-\infty}^{+\infty} n_0(x)\,e^{-x}\,dx\,. \tag{5.2—1}$$

Die Wahl der Grenzen von $-\infty$ bis $+\infty$ erfolgt gemäß der Überlegung in Kap. 4, Abschn. 2. Das Integral läßt sich nun geschlossen auswerten. Die Substitution

$$\xi = \sqrt{C_{e0}}\cdot e^{-\frac{x}{\alpha}} \tag{5.2—2}$$

führt das Integral

$$\int\limits_{-\infty}^{+\infty} n_0(x)\,e^{-x}\,dx = \frac{2}{\alpha}\,\frac{\sqrt{C_{e0}}}{\sqrt{\pi}}\int\limits_{-\infty}^{+\infty} e^{-\frac{x}{\alpha}}\,e^{-C_{e0}\cdot e^{-2\frac{x}{\alpha}}}\,e^{-x}\,dx$$

über in

$$\int\limits_{-\infty}^{+\infty} n_0(x)\,e^{-x}\,dx = \frac{2}{\sqrt{\pi}}\,\frac{1}{(\sqrt{C_{e0}})^{\alpha}}\int\limits_{0}^{\infty} \xi^{\alpha}\,e^{-\xi^2}\,d\xi\,. \tag{5.2—3}$$

Dieses Integral ist durch die Γ-Funktion darstellbar. Es ist nämlich

$$\int\limits_{0}^{\infty} \xi^{\alpha}\,e^{-\xi^2}\,d\xi = \frac{1}{2}\,\Gamma\left(\frac{\alpha+1}{2}\right). \tag{5.2—4}$$

Damit erhält man

$$\int\limits_{-\infty}^{+\infty} n_0(x)\,e^{-x}\,dx = \frac{1}{\sqrt{\pi}\,(\sqrt{C_{e0}})^{\alpha}}\,\Gamma\left(\frac{\alpha+1}{2}\right). \tag{5.2—5}$$

Die Anfangsgeschwindigkeit wird also

$$\dot{\varepsilon} = 2\,\lambda\,\bar{c}_1\,Z \sinh\frac{\mu(\sigma)}{k\,T}\cdot\frac{1}{\sqrt{\pi}\,(\sqrt{C_{e0}})^{\alpha}}\cdot\Gamma\left(\frac{\alpha+1}{2}\right). \tag{5.2—6}$$

Diese Anfangsgeschwindigkeit ist jedenfalls endlich. Nach dem ANDRADEschen Potenzgesetz erhält man dagegen eine unendliche Geschwindigkeit. Praktisch ist die Anfangsgeschwindigkeit kaum der Messung zugänglich. Es dürfte nämlich nicht möglich sein, die Last plötzlich und schwingungsfrei aufzubringen, da das Material in jedem Fall noch elastische Verformung zeigt. Außerdem wird gerade der Anfangsteil der Fließkurve von der spontanen Dehnung gestört. Dieser Tatbestand wird in einem besonderen Abschnitt eingehend behandelt.

3. Die Endgeschwindigkeit

Für die Praxis ist die Endgeschwindigkeit von größerer Bedeutung als die Anfangsgeschwindigkeit. Sie entspricht der Gleichgewichtsverteilung $n_\infty(x)$. Gemäß Gl. 3.2—4 ist

$$\dot{\varepsilon}_\infty = 2\,\lambda\,\bar{c}_1\,Z \sinh\frac{\mu(\sigma)}{k\,T} \cdot \int\limits_{-\infty}^{+\infty} n_\infty(x)\,e^{-x}\,dx \tag{5.3—1}$$

$$= 2\,\lambda\,\bar{c}_1\,Z \sinh\frac{\mu(\sigma)}{k\,T}\,2\sqrt{\frac{C}{\pi}} \int\limits_{-\infty}^{+\infty} e^{-2x} \cdot e^{-Ce^{-2x}}\,dx\,. \tag{5.3—1a}$$

Durch die Substitution

$$\xi = C \cdot e^{-2x} \tag{5.3—2}$$

läßt sich das Integral vereinfachen

$$\int\limits_{-\infty}^{+\infty} e^{-2x}\,e^{-Ce^{-2x}}\,dx = \frac{1}{2C}\int\limits_{0}^{\infty} e^{-\xi}\,d\xi\,. \tag{5.3—3}$$

Damit wird

$$\dot{\varepsilon}_\infty = \frac{2\,\lambda\,\bar{c}_0\,Z}{\sqrt{\pi\,C}} \cdot \sinh\frac{\mu(\sigma)}{k\,T}\,. \tag{5.3—4}$$

Wenn man noch den Wert für C aus Gl. (3.2—16) einsetzt

$$\dot{\varepsilon}_\infty = \frac{2\,\lambda\,Z}{\sqrt{\pi}}\sqrt{\bar{c}_1 \cdot \bar{c}_2}\;\sqrt{\frac{\Delta u}{k\,T}} \cdot e^{-\frac{V}{k\,T}} \cdot \frac{\sinh\frac{\mu(\sigma)}{k\,T}}{\sqrt{\cosh\frac{\mu(\sigma)}{k\,T}}} \tag{5.3—5}$$

Ein Vergleich mit Gl. (1.3—3) zeigt, daß dieser Fall dem Exponentialteil des ANDRADEschen Gesetzes entspricht. Der durch die Verformung bedingten Verfestigung wird hier gerade durch die Erholung das Gleichgewicht gehalten.

4. Verfestigungskriechen

In Kap. 4, Abschn. 3 wurde gezeigt, daß dann, wenn die Verteilungsfunktion nur für solche Werte von x wesentlich von Null verschieden ist, die klein sind im Vergleich zu x_{max}, der Erholungsanteil vernachlässigt werden kann. Dies entspricht aber gerade dem Fall $c_2 = 0$, der in Kap. 4, Abschn. 1 behandelt wurde. Die Kriechgeschwindigkeit war nach Gl. (3.2—4)

$$\dot{\varepsilon} = 2\,\lambda\,\bar{c}_1\,Z \sinh\frac{\mu(\sigma)}{k\,T}\int\limits_{0}^{\infty} n(x,t)\,e^{-x}\,dx\,.$$

Das Integral kann gemäß Gl. (4.1—10) umgeformt werden und man erhält

$$\dot{\varepsilon} = 2\,\lambda\,\bar{c}_1\,Z \sinh\frac{\mu(\sigma)}{k\,T}\int\limits_{0}^{\infty} \frac{n_0(x)}{e^x + c_1\,t}\,dx\,. \tag{5.4—1}$$

Gemäß unserer Vereinbarung kann das Integral von $-\infty$ bis $+\infty$ erstreckt werden:

$$\dot{\varepsilon} = 2\,\lambda\,\bar{c}_1\,Z \sinh\frac{\mu(\sigma)}{k\,T}\int\limits_{-\infty}^{+\infty} \frac{n_0(x)}{e^x + c_1\,t}\,dx\,. \tag{5.4—1a}$$

Hier werde noch für $n_0(x)$ der Ausdruck aus Gl. (5.1—10a) eingesetzt

$$\varepsilon^{\cdot} = 4\,\lambda\,\bar{c_1}\sqrt{\frac{C_{e0}}{\pi}}\,Z\cdot\frac{1}{\alpha}\sinh\frac{\mu(\sigma)}{k\,T}\int\limits_{-\infty}^{+\infty}\frac{e^{-\frac{x}{\alpha}}\cdot e^{-C\cdot e^{-2\frac{x}{\alpha}}}}{e^x + c_1\,t}\,dx\,. \tag{5.4—2}$$

Die Substitution

$$\xi = \sqrt{C_{e0}}\cdot e^{-\frac{x}{\alpha}} \tag{5.4—3}$$

führt das Integral über in

$$\int\limits_{-\infty}^{+\infty}\frac{e^{-\frac{x}{\alpha}}\cdot e^{-C_{e0}\cdot e^{-2\frac{x}{\alpha}}}}{e^x + c_1\,t}\,dx = \frac{\alpha}{(\sqrt{C_{e0}})^\alpha}\int\limits_0^\infty\frac{\xi^\alpha\cdot e^{-\xi^2}}{1 + a\,\xi^\alpha}\,d\xi = \frac{\alpha}{(\sqrt{C_{e0}})^\alpha}\cdot F(a,\alpha) \tag{5.4—4}$$

mit

$$a = \frac{c_1}{(\sqrt{C_{e0}})^\alpha}\cdot t\,. \tag{5.4—5}$$

Der Ausdruck

$$F(a,\alpha) = \int\limits_0^\infty\frac{\xi^\alpha\cdot e^{-\xi^2}}{1 + a\xi^\alpha}\,d\xi$$

läßt sich nicht geschlossen integrieren. Es läßt sich jedoch sowohl für kleine als auch für große a eine Näherung angeben. Für kleine a ist die folgende halbkonvergente Reihe brauchbar:

$$F(a,\alpha) = \frac{1}{2}\sum_{\nu=0}^{\infty}(-1)^\nu\cdot a^\nu\cdot\Gamma\left(\frac{(\nu+1)\,\alpha+1}{2}\right). \tag{5.4—6}$$

Für $\alpha = 1$, d. h. für den Fall, daß vor dem Versuch Gleichgewicht herrscht, ergibt sich speziell

$$F(a,1) = \frac{1}{2}\left[\Gamma\left(\frac{2}{2}\right) - a\,\Gamma\left(\frac{3}{2}\right) + a^2\,\Gamma\left(\frac{4}{2}\right) - a^3\,\Gamma\left(\frac{5}{2}\right) + \cdots\right. \tag{5.4—7}$$

$$= 0{,}500 - 0{,}443\,a + 0{,}500\,a^2 - 0{,}665\,a^3 + 1{,}662\,a^4 - \cdots \tag{5.4—7a}$$

Die Reihe 5.4—6 konvergiert für kein a. Sie gibt jedoch als halbkonvergente Reihe eine brauchbare Näherung, wenn man die Reihe beim kleinsten Glied abbricht. Der Fehler ist kleiner als das erste vernachlässigte Glied.

Für große Werte von α läßt sich eine asymptotische Näherung angeben; und zwar geht $F(a,\alpha)$ für große a gegen $\frac{\sqrt{\pi}}{2\,a}$ in dem Sinn, daß gilt

$$\lim_{a\to\infty}\frac{(Fa,\alpha)}{\frac{\sqrt{\pi}}{2\,a}} = 1\,. \tag{5.4—9}$$

Der Verlauf von $F(a,\alpha)$ ist in Abb. 6 dargestellt. Diese Darstellung wurde im doppellogarithmischen Maßstab gegeben. Aus der Neigung der Kurve läßt sich der Exponent des ANDRADEschen Potenzgesetzes ableiten; der Tangens der Neigung ist um die Einheit kleiner als ANDRADE-Exponent. Es ist nämlich vgl. Gl. ((3.2—8))

$$l = l_0\cdot e^\varepsilon\,.$$

Wenn man den ANDRADEschen Ansatz macht

$$l = l_0 (1 + \beta \cdot t^\gamma) ,$$

so folgt

$$\varepsilon^{\cdot} = \frac{1}{1 + \beta \cdot t^\gamma} \cdot \beta \cdot \gamma \cdot t^{\gamma - 1}$$

und für nicht zu große Dehnung

$$\varepsilon^{\cdot} \approx \beta \cdot \gamma \cdot t^{\gamma-1} = \mathrm{const} \cdot t^{\gamma-1} . \qquad (5.4\text{—}10)$$

$\gamma - 1$ ist die Neigung der Kurven in Abb. 6.

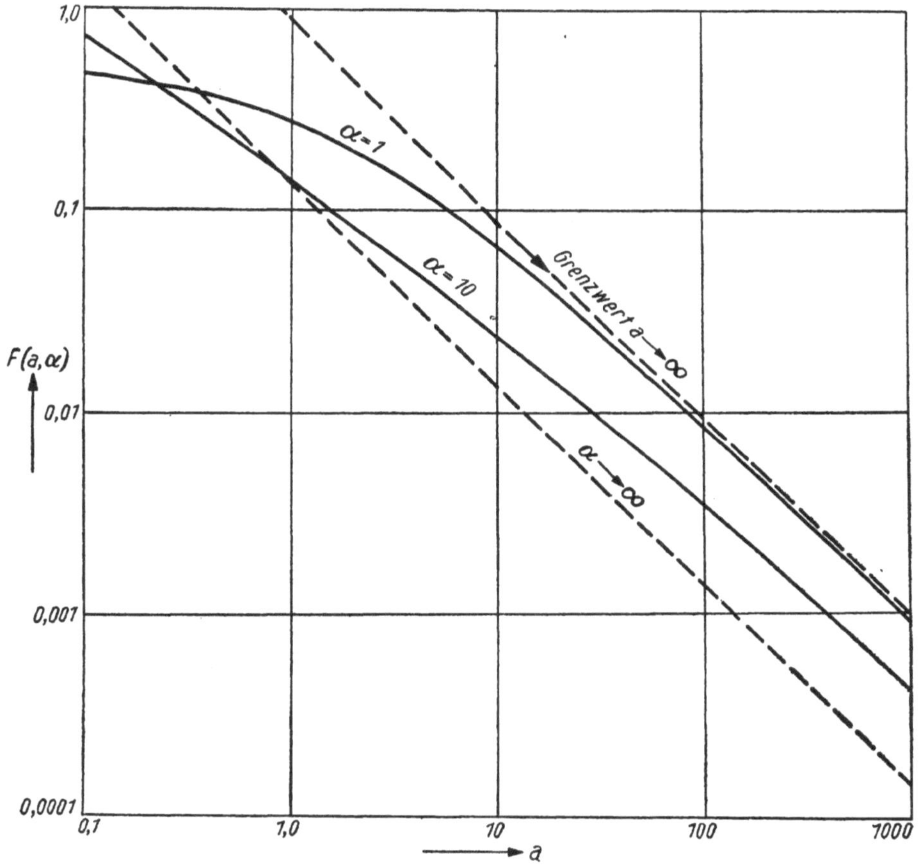

Abb. 6. Darstellung der Kriechgeschwindigkeit

Für $\gamma - 1 \neq -1$ ergibt sich das ANDRADEsche Potenzgesetz, während $\gamma - 1 = -1$ logarithmisches Fließen bedeutet.

Wir können aus dem Diagramm und auch aus den obigen Überlegungen ableiten, daß das Verfestigungskriechen zunächst nach dem ANDRADEschen Gesetz mit allerdings veränderlichem, und zwar abnehmenden Exponenten erfolgt. Er geht dann in ein logarithmisches Kriechen über. Dieser Tatbestand kann auch aus der Gestalt der Anfangsverteilung abgeleitet werden, wie dies bereits in Kap. 4, Abschn. 1 getan wurde.

Führt man in Gl. (5.4—2) den durch (5.4—5) gegebenen Zeitmaßstab ein, und beachtet Gl. (5.4—4), so erhält man

$$\frac{d\varepsilon}{da} = 2 Z \lambda \frac{k \cdot T}{\Delta u} \cdot \tanh \frac{\mu(\sigma)}{k\, T} \cdot F(a, \alpha) . \qquad (5.4\text{—}11)$$

Durch Integration ergibt sich hieraus

$$\varepsilon = 2\, Z\, \lambda \frac{k\,T}{\Delta u} \tanh \frac{\mu(\sigma)}{k\,T} \cdot \int\limits_0^a F(a, \alpha)\, da\,. \tag{5.4—12}$$

Das Integral läßt sich noch etwas umformen. Es ist

$$\int\limits_0^a F(a, \alpha)\, da = \int\limits_0^a \int\limits_0^\infty \frac{\xi^\alpha \cdot e^{-\xi^2}}{1 + a \cdot \xi^\alpha}\, d\xi\, da = \int\limits_0^\infty \int\limits_0^a \frac{\xi^\alpha \cdot e^{-\xi^2}}{1 + a \cdot \xi^\alpha}\, da\, d\zeta$$

$$= \int\limits_0^\infty e^{-\xi^2} \cdot \ln\,(1 + a\,\xi^\alpha)\, d\xi = I(a, \alpha)\,. \tag{5.4—13}$$

Damit ergibt sich

$$\varepsilon = 2\, Z\, \lambda \frac{k\,T}{\Delta u} \tanh \frac{\mu(\sigma)}{k\,T} \cdot I(a, \alpha)\,. \tag{5.4—14}$$

Auch $I(a, \alpha)$ läßt sich nicht geschlossen darstellen. Analog dem Ausdruck $F(a, \alpha)$ läßt sich die für kleine a brauchbare halbkonvergente Reihe angeben. Es ist

$$I(a, \alpha) = \frac{1}{2} \sum_{\nu=0}^{\infty} (-1)^\nu \frac{a^{\nu+1}}{\nu+1}\, \Gamma\left(\frac{(\nu+1)\,\alpha + 1}{2}\right).$$

Für große a nähert sich der Ausdruck asymptotisch der Funktion

$$\frac{\sqrt{\pi}}{2} \cdot \ln a\,,$$

d. h. es gilt

$$\lim_{a \to \infty} \frac{I(a, \alpha)}{\frac{\sqrt{\pi}}{2} \ln a} = 1\,. \tag{5.4—15}$$

Auch hier ergibt sich, daß das Verfestigungskriechen für große Zeiten in das logarithmische Kriechen übergeht. Der Verlauf von $I(a, \alpha)$ ist in Abb. 7 dargestellt.

5. *Die Zustandsgleichung*

In Gl. (4.1—11) und (4.1—12) wurde gezeigt, daß man den Kriechvorgang so darstellen kann, daß man die Anfangsverteilung mit der Funktion $\varphi(x, t)$ multipliziert. Wie aus Abb. 4 ersichtlich ist, kann man die Funktion in guter Näherung durch eine Stoßfunktion ersetzen.

Es werde also angesetzt

$$\bar{\varphi}(x, t) = 0 \qquad \text{für} \qquad x < \bar{x}(t)\,,$$

$$\bar{\varphi}(x, t) = 1 \qquad \text{für} \qquad x \geqq \bar{x}(t)\,. \tag{5.5—1}$$

Eine gewisse Unsicherheit liegt in der Wahl von $\bar{x}$. Man wird vielleicht zweckmäßig $\bar{x}$ als den Wert ansetzen, bei dem

$$\varphi(x, t) = \frac{1}{2}$$

ist. Gemäß Gl. (4.1—13) sei also

$$\bar{x} = \ln \frac{c_1\, t}{\sqrt{2} - 1}\,. \tag{4.1—13}$$

Wenn man die Lage des Wendepunktes von $\varphi(x, t)$ ansetzt, erhält man

$$\bar{x} = \ln 2\, c_1\, t\,.$$

Diese Unsicherheit des Faktors muß bei der späteren Diskussion beachtet werden.

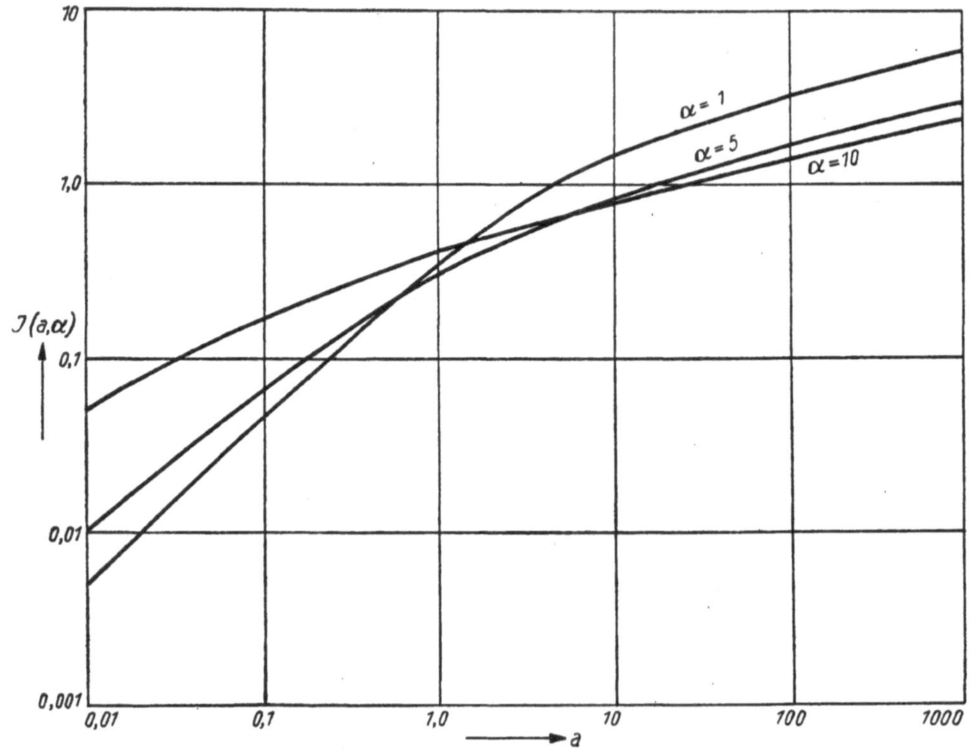

Abb. 7. Kriechdehnung als Funktion der Zeit

Geht man mit diesem Ansatz in Gl. (4.1—11) ein, so ergibt sich

$$\varepsilon^{\cdot} = 2\,\lambda\,\bar{c}_1\,Z\,\sinh\frac{\mu(\sigma)}{k\,T}\cdot\int\limits_{\bar{x}}^{\infty} N_0(x)\cdot e^{-x}\,dx\,. \tag{5.5—2}$$

Formt man das Integral durch partielle Integration um, so ergibt sich

$$\varepsilon^{\cdot} = 2\,\lambda\,\bar{c}_1\,Z\,\sinh\frac{\mu(\sigma)}{k\,T}\left[\int\limits_{\bar{x}}^{\infty} n_0(x)\cdot e^{-x}\,dx + N_0(\bar{x})\cdot e^{-\bar{x}}\right]. \tag{5.5—3}$$

Durch nochmalige Integration kann dann ε selbst erhalten werden. Einfacher kommt man zum Ergebnis, wenn man von Gl. (4.1—7) Gebrauch macht.

Dann erhält man

$$\varepsilon = \lambda\,Z\,\frac{k\,T}{\Delta u}\int\limits_{0}^{\bar{x}} N_0(x)\,dx\,. \tag{5.5—4}$$

Ein Vergleich mit Gl. (5.4—14) gibt die Beziehung

$$I(a,\alpha) = \frac{1}{2}\int\limits_{0}^{\bar{x}} N_0(x)\,dx\,. \tag{5.5—5}$$

Auch hier wird die Anfangsverteilung nach Gl. (5.1—10a) benutzt

$$n_0(x) = \frac{2}{\alpha}\sqrt{\frac{C_{e0}}{\pi}}\cdot e^{-\frac{x}{\alpha}}\cdot e^{-C_{e0}\cdot e^{-2\frac{x}{\alpha}}}$$

Damit erhält man

$$N_0(x) = \int_{-\infty}^{x} n_0(x)\,dx = \frac{2}{\alpha}\sqrt{\frac{C_{e0}}{\pi}} \int_{-\infty}^{x} e^{-\frac{x}{\alpha}} \cdot e^{-C_{e0} \cdot e^{-2\frac{x}{\alpha}}}\,dx\,.$$

Durch die Substitution

$$\xi = \sqrt{C_{e0}} \cdot e^{-\frac{x}{\alpha}} \tag{5.5—6}$$

ergibt sich

$$N_0(x) = \frac{2}{\sqrt{\pi}} \int_{\sqrt{C_{e0}} \cdot e^{-\frac{x}{\alpha}}}^{\infty} e^{-\xi^2}\,d\xi = 1 - \Phi\left(\sqrt{C_{e0}} \cdot e^{-\frac{x}{\alpha}}\right). \tag{5.5—7}$$

Hierbei ist $\Phi(x)$ das Fehlerintegral.

Die nochmalige Integration nach Gleichung (5.5—5) liefert

$$2\,I(a, \alpha) = \int_0^{\bar{x}} N_0(x)\,dx = \int_0^{\bar{x}} \left[1 - \Phi\left(\sqrt{C_{e0}} \cdot e^{-\frac{x}{\alpha}}\right)\right] dx$$

$$= \bar{x} - \int_0^{\bar{x}} \Phi\left(\sqrt{C_{e0}} \cdot e^{-\frac{x}{\alpha}}\right) dx = \bar{x} + \alpha \int_{\sqrt{C_{e0}}}^{\sqrt{C_{e0}} \cdot e^{-\frac{\bar{x}}{\alpha}}} \frac{\Phi(\xi)}{\xi}\,d\xi\,. \tag{5.5—8}$$

Führt man die Funktion

$$\Omega(x) = \int_0^{x} \frac{\Phi(x)}{x}\,dx \tag{5.5—9}$$

ein, so wird

$$2\,I(a, \alpha) = \bar{x} + \alpha \cdot \Omega\left(\sqrt{C_{e0}} \cdot e^{-\frac{\bar{x}}{\alpha}}\right) - \alpha \cdot \Omega\left(\sqrt{C_{e0}}\right). \tag{5.5—10}$$

Die Funktion $\Omega(x)$ wurde berechnet und ist in Abb. 8. dargestellt. Es ist noch zweckmäßig, eine Umformung vorzunehmen. Es ist nämlich

$$\Omega(x) = \int_0^{x} \frac{\Phi(x)}{x}\,dx = -\frac{2}{\sqrt{\pi}} \int_0^{x} e^{-x^2} \ln x\,dx + \Phi(x) \cdot \ln x\,. \tag{5.5—11}$$

Für nicht zu kleine x wird

$$\Omega(x) \approx \ln x + \frac{1}{2}\,(\mathfrak{C} + \ln 4)\,. \tag{5.5—12}$$

$\mathfrak{C}$ = EULERsche Konstante

$$\Omega(x) \approx \ln x + 0{,}98176\ldots \tag{5.5—12a}$$

Also

$$\Omega\left(\sqrt{C_{e0}}\right) = \ln \sqrt{C_{e0}} + 0{,}98176\,.$$

Damit wird Gl. (5.5—10), wenn man noch Gl. (5.4—5) beachtet

$$2\,I(a, \alpha) = \ln \frac{a}{\sqrt{2} - 1} - \alpha \left[0{,}98176 - \Omega\left(\left(\frac{\sqrt{2} - 1}{a}\right)^{1/\alpha}\right)\right] \tag{5.5—13}$$

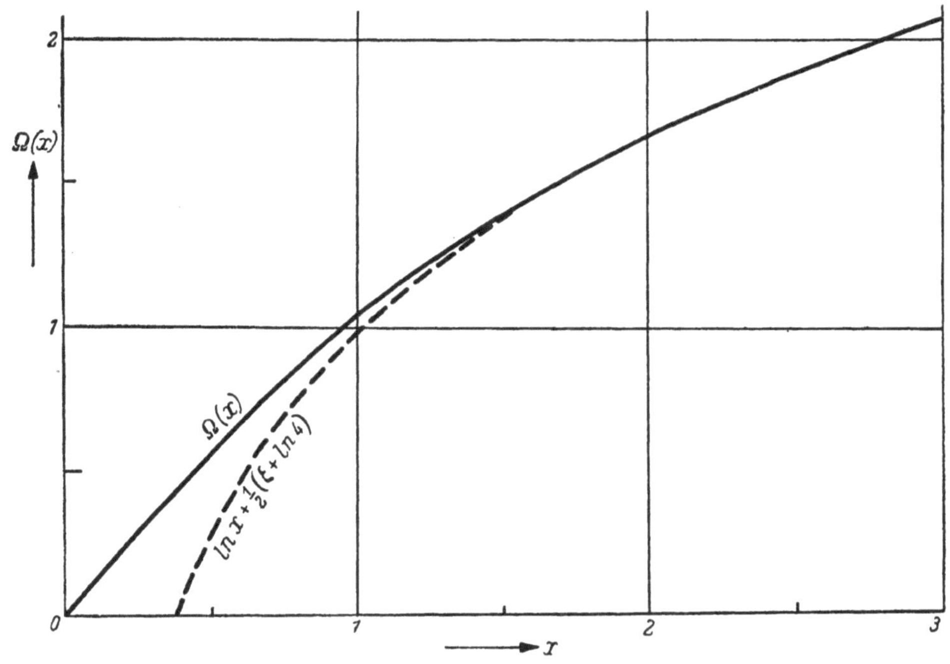

Abb. 8. Verlauf der Funktion $\Omega(x)$

oder auch

$$2\,I(a,\alpha) = \left[1 - \Phi\left(\left(\frac{\sqrt{2}-1}{a}\right)^{1/\alpha}\right)\right] \cdot \ln \frac{a}{\sqrt{2}-1} - \alpha \left[\frac{2}{\sqrt{\pi}} \int\limits_0^{\left(\frac{\sqrt{2}-1}{a}\right)^{1/\alpha}} e^{-x^2} \cdot \ln x\,dx + 0{,}98176\right]. \tag{5.5—13a}$$

An diesem Ausdruck kann man den Verlauf des Verfestigungskriechens gut verfolgen.

Für kleine Zeiten, d. h. kleine Werte von a, wird

$$\Phi\left(\left(\frac{\sqrt{2}-1}{a}\right)^{1/\alpha}\right) \approx 1$$

und die erste eckige Klammer verschwindet. Das Kriechen wird dann im Wesentlichen durch die zweite Klammer bestimmt. Für große Zeiten dagegen verschwindet die zweite eckige Klammer und die erste eckige Klammer wird 1. Dann liegt logarithmisches Kriechen vor. Es gilt also

$$\varepsilon = \lambda\,\bar{\varepsilon}_1\,Z\,\frac{k\,T}{\Delta u} \tanh \frac{\mu(\sigma)}{k\,T} \cdot -\alpha \left[\frac{2}{\sqrt{\pi}} \int\limits_0^{\left(\frac{\sqrt{2}-1}{a}\right)^{1/\alpha}} e^{-x^2} \ln x\,dx + 0{,}98176\right] \tag{5.5—14a}$$

für

$$\left(\frac{\sqrt{2}-1}{a}\right)^{1/\alpha} \gg 1\,, \qquad \text{d. h.} \qquad a \ll 1$$

und

$$\varepsilon = \lambda\,\bar{c}_1\,Z\,\frac{k\,T}{\Delta u} \cdot \tanh \frac{\mu(\sigma)}{k\,T} \cdot \ln \frac{a}{\sqrt{2}-1}\,, \tag{5.5—14b}$$

für

$$\left(\frac{\sqrt{2}-1}{a}\right)^{1/\alpha} \ll 1\,, \qquad \text{d. h.} \qquad a \gg 1\,.$$

Es können nun noch einige Aussagen über den Exponenten des Andradeschen Gesetzes, speziell seine Temperaturabhängigkeit, gemacht werden.

Es sei angenommen, daß die Kriechkurve an einer Stelle bei der Dehnung ε_0 angenähert werden kann durch den Ausdruck

$$\varepsilon = A \cdot t^\gamma . \tag{5.5—15}$$

Dann gilt

$$\ln \varepsilon = \ln A + \gamma \cdot \ln t$$

und

$$\gamma = \frac{d \ln \varepsilon}{d \ln t} = \frac{d\varepsilon}{dt} \cdot \frac{t}{\varepsilon} . \tag{5.5—16}$$

Es sei weiter eine beliebige normierte Verteilungsfunktion $n_0(x)$ angenommen. Daraus läßt sich

$$N_0(x) = \int_0^x n_0(x)\, dx$$

berechnen. Gemäß (Gl. 5.5—4) ist

$$\varepsilon = \lambda Z \frac{k T}{\Delta u} \cdot \int_0^{\bar{x}} N_0(x)\, dx$$

und daher mit

$$\bar{x} = \ln \frac{c_1 t}{\sqrt{2} - 1}$$

$$\frac{d\varepsilon}{dt} = \frac{d\varepsilon}{d\bar{x}} \cdot \frac{d\bar{x}}{dt} = \lambda Z \frac{k T}{\Delta u} N_0(\bar{x}) \cdot \frac{1}{t} . \tag{5.5—17}$$

Daher wird

$$\gamma = \frac{d\varepsilon}{dt} \cdot \frac{t}{\varepsilon} = \frac{N_0(\bar{x})}{\int_0^{\bar{x}} N_0(x)\, dx} . \tag{5.5—18}$$

Es soll nun die Versuchstemperatur T geändert werden, wobei aber die Verteilungsfunktion über u erhalten bleibt. Zur Unterscheidung werde die ursprüngliche Temperatur T_e genannt. Einem bestimmten Wert von x bei der Temperatur T_e, er sei x_{T_e} genannt, entspricht dann der Wert $x_T = x_{T_e} \cdot \alpha$. Es muß ja gelten

$$u = x_{T_e} \cdot k\, T_e = x_T \cdot k\, T .$$

Die Funktion $N_0(x)$, die sich in (Gl. 5.5—18) auf die Temperatur T_e bezog, geht dann über in $N_0\left(\frac{x}{\alpha}\right)$. Dann wird aber der Andrade-Exponent, da immer die Stelle betrachtet wird, bei der die Dehnung ε_0 ist,

$$\gamma(T) = \frac{N_0(x)}{\int_0^{\alpha \bar{x}} N_0\left(\frac{x}{\alpha}\right) d(x)} = \frac{N_0(x)}{\alpha \int_0^{\bar{x}} N_0(\xi)\, d\xi} = \frac{1}{\alpha} \cdot \gamma(T_e) , \tag{5.5—19}$$

$$\gamma(T) = \frac{T}{T_e} \cdot \gamma(T_e) . \tag{5.5—20}$$

Dieser Satz gilt natürlich auch speziell für den Fall, daß es sich bei der Verteilungsfunktion um ein unterkühltes, gehemmtes Gleichgewicht handelt, das zur Temperatur T_e gehört. Unterhalb von T_e fällt dann der Andrade-Exponent proportional mit T.

Oberhalb von T_e haben wir jeweils den Gleichgewichtszustand angenommen. In diesem Bereich ist dann $\gamma(T)$ konstant gleich $\gamma(T_e)$. In analoger Weise kann man ansetzen

$$\varepsilon^{\cdot} = B \cdot t^{\beta} . \tag{5.5—20}$$

Analog Gl. (5.5—16) erhält man weiter

$$\beta = \frac{d\varepsilon^{\cdot}}{dt} \cdot \frac{t}{\varepsilon^{\cdot}} . \tag{5.5—21}$$

Es ist aber nach Gl. (5.5—17)

$$\varepsilon^{\cdot} = \frac{d\varepsilon}{dt} = \lambda Z \frac{k\,T}{\Delta u} N_0(\bar{x}) \cdot \frac{c_1}{\sqrt{2}-1} \cdot e^{-\bar{x}}$$

$$\frac{d\varepsilon^{\cdot}}{dt} = \lambda \cdot Z \cdot \frac{k\,T}{\Delta u} \frac{c_1}{\sqrt{2}-1} \left[N_0'(\bar{x})\, e^{-\bar{x}} - N_0(\bar{x}) \cdot e^{-\bar{x}}\right] \cdot \frac{1}{t} .$$

Es ist aber

$$N_0'(x) = n_0(x) ;$$

also

$$\frac{d\varepsilon^{\cdot}}{dt} = \lambda Z \frac{k\,T}{\Delta u} \frac{c_1}{\sqrt{2}-1} \left[n_0(\bar{x}) - N_0(\bar{x})\right] e^{-\bar{x}} \cdot \frac{1}{t} .$$

Damit wird

$$\beta = \frac{d\varepsilon^{\cdot}}{dt} \cdot \frac{t}{\varepsilon^{\cdot}} = \frac{n_0(\bar{x}) - N_0(\bar{x})}{N_0(\bar{x})} = \frac{n_0(\bar{x})}{N_0(\bar{x})} - 1 \tag{5.5—22}$$

oder

$$\beta + 1 = \frac{n_0(\bar{x})}{N_0(\bar{x})} . \tag{5.5—23}$$

Falls an der betreffenden Stelle die Annäherung der Kriechkurve durch das ANDRADEsche Gesetz besonders gut ist (es muß Übereinstimmung bis einschließlich der zweiten Ableitung herrschen), kann man noch den Exponenten γ des ANDRADEschen Gesetzes mit β in Verbindung bringen. Differenziert man (Gl. 5.5—15), so ergibt sich

$$\varepsilon^{\cdot} = A \cdot \gamma \cdot t^{\gamma - 1} . \tag{5.5—24}$$

Ein Vergleich mit (Gl. 5.5—20) liefert dann

$$\gamma = \beta + 1 , \qquad A = \frac{B}{\gamma} . \tag{5.5—25}$$

Um nun $\varepsilon^{\cdot}$ zu berechnen, kann man die (Gl. 5.5—4) differenzieren. Man erhält jedoch eine bessere Näherung, wenn man von (Gl. 5.5—2) bzw. (—3) ausgeht. Aus der (Gl. 5.5—4) entnimmt man lediglich, daß N_0 bei einer bestimmten Dehnung ε bis zu einer bestimmten Stelle abgebaut ist. Wenn man also bei den folgenden Überlegungen die Dehnung ε festhält, so lautet (Gl. 5.5—2)

$$\varepsilon^{\cdot} = 2\,\lambda\,\bar{c}_1\,Z \sinh \frac{\mu(\sigma)}{k\,T} \int\limits_{\alpha \bar{x}}^{\infty} N_0\left(\frac{x}{\alpha}\right) e^{-x}\,dx . \tag{5.5—26}$$

Das Integral kann man auswerten, Für den Fall, daß

$$\frac{\alpha - 1}{2} = m$$

ganzzahlig ist, ergibt sich

$$\int\limits_{\alpha x}^{\infty} N_0\left(\frac{x}{\alpha}\right) e^{-x}\,dx = \frac{1}{(\sqrt{C_{e0}})^{\alpha}} \left\{\frac{m!}{\sqrt{\pi}} \left[1 - e^{-a}\left(1 + \frac{a}{1!} + \frac{a^2}{2!} + \cdots \frac{a^m}{m!}\right)\right] + a^{\alpha/2}\, N_0\left(\ln \sqrt{\frac{c_{e0}}{\alpha}}\right)\right\} =$$

$$= \frac{1}{(\sqrt{C_{e0}})^{\alpha}} \left\{\frac{m!}{\sqrt{\pi}} \left[1 - e^{-a}\left(1 + \frac{a}{1!} + \frac{a^2}{2!} + \cdots + \frac{a^m}{m!}\right)\right]\right.$$

$$\left. + a^{\alpha/2} \left[\Phi\left(\sqrt{C_{e0}}\right) - \Phi\left(\sqrt{a}\right)\right]\right.$$

mit

$$a = C_{e0} \cdot e^{-\bar{x}}. \tag{5.5—27}$$

Damit wird dann

$$\varepsilon^{\cdot} = 2\,\lambda\,\bar{c}_1\,Z\,\frac{1}{(\sqrt{C_{e0}})^{\alpha}} \cdot \sinh\frac{\mu(\sigma)}{k\,T}\left\{\frac{m!}{\sqrt{\pi}}\left[1 - \varepsilon^{-a}\left(1 + \frac{a}{1!} + \cdots + \frac{a^m}{m!}\right)\right] + \right.$$

$$\left. + a^{\alpha/2}\left[\Phi\left(\sqrt{C_{e0}}\right) - \Phi\left(\sqrt{a}\right)\right]\right\}. \tag{5.5—28}$$

Da a nur von ε abhängt, stellt diese Gleichung die Beziehung

$$\varepsilon^{\cdot} = f(\varepsilon, \sigma, T, T_e) \tag{5.5—29}$$

dar. Die Vorgeschichte des Kriechvorganges spielt in der angegebenen Näherung keine Rolle mehr. Aus diesem Grund sagt man, es existiere eine „Zustandsgleichung"; sie ist in Gl. (5.5—28) explizit dargestellt.

Unter Benutzung dieses Ausdruckes (5.5—28) für die Fließgeschwindigkeit, der genauer ist als Gl. (5.5—17), läßt sich auch ein besserer Ausdruck für den ANDRADE-Exponenten ableiten. Nach Gl. (5.5—16) war

$$\gamma = \varepsilon^{\cdot}\,\frac{t}{\varepsilon}.$$

Setzt man hier

$$\varepsilon^{\cdot} = 2\,\lambda\,\bar{c}_1\,Z\,\sinh\frac{\mu(\sigma)}{k\,T}\int\limits_{\alpha\bar{x}}^{\infty} N_0\left(\frac{x}{\alpha}\right) e^{-x}\,dx$$

$$= \frac{2\,\lambda\,\bar{c}_1\,Z}{(\sqrt{C_{e0}})^{\alpha}} \cdot \sinh\frac{\gamma(\sigma)}{k\,T}\left\{\frac{m!}{\sqrt{\pi}}\left[1 - e^{-a}\left(1 + \frac{a}{1!} + \cdots + \frac{a^m}{m!}\right)\right] + a^{\alpha/2}\left[1 - \Phi\left(\sqrt{a}\right)\right]\right.$$

$$\varepsilon = \lambda\,Z\,\frac{k\,T_e}{\Delta u}\int\limits_0^{\bar{x}} N_0(\xi)\,d\xi$$

und entsprechend Gl. (4.1—13)

$$\alpha\,\bar{x} = \ln\frac{c_1}{\sqrt{2} - 1}\,t$$

oder

$$t = \frac{\sqrt{2} - 1}{c_1}\,e^{\alpha\bar{x}} = \frac{\sqrt{2} - 1}{c_1} \cdot \frac{(\sqrt{C_{e0}})^{\alpha}}{(\sqrt{a})^{\alpha}},$$

so ergibt sich

$$\gamma = \tanh\frac{\mu(\sigma)}{k\,T} \cdot \frac{T}{T_e}\left(\sqrt{2} - 1\right)\left\{\frac{m!}{\sqrt{\pi}} \cdot \frac{1 - e^{-a}\left(1 + \frac{a}{2!} + \cdots + \frac{a^m}{m!}\right)}{(\sqrt{a})^{\alpha}}\right.$$

$$\left. + \left[1 - \Phi\left(\sqrt{a}\right)\right]\right\} \cdot \frac{1}{\int\limits_0^{\ln\sqrt{C_{e0}/a}} N_0(\xi)\,d\xi} \tag{5.5—30}$$

Setzt man hier

$$\tanh\frac{\mu(\sigma)}{k\,T} \approx 1,$$

so erhält man bei festem a den Ausdruck

$$\gamma = \frac{T}{T_e}\{K + f(\alpha)\}. \tag{5.5—31}$$

Die durch Gl. (5.5—20) gegebene lineare Abhängigkeit des Exponenten von T wird von einem Korrektionsglied überlagert.

6. *Die spontane Dehnung*

Wenn in Gl. (3.2—2) $\mu(\sigma) \geqq u$ wird, so bedarf die Quelle zu ihrer Betätigung keiner thermischen Aktivierung; sie arbeitet spontan. Dieser Umstand ist in den bisherigen Überlegungen nicht beachtet worden. Dies soll nun nachgeholt werden. Der Ausdruck

$$e^{-\frac{u \pm \mu(\sigma)}{kT}},$$

der aus der ARRHENIUS-Formel abgeleitet wurde, gibt allgemein den Teil der Quellen an, die infolge statistischer Schwankungen die nötige Energie zum Überschreiten des Potentialwalles haben. Dieser Teil kann aber nie größer als 1 sein, obwohl die Exponentialfunktion selbst beliebige Werte, auch größer als 1 annehmen kann. Geht man dieser Diskrepanz nach, so stellt man fest, daß die ARRHENIUS-Gleichung unter der Voraussetzung gilt, daß nur ein kleiner Teil der Quellen tatsächlich aktiviert ist. Läßt man diese Voraussetzung fallen, so ergibt sich ein etwas anderer Ausdruck:

$$w = \frac{u^{-\frac{u \pm \mu(\sigma)}{kT}}}{1 + e^{-\frac{u \pm \mu(\sigma)}{kT}}}.$$

In Abb. 9 ist dieser Verlauf, sowie zum Vergleich der eingezeichnet, der sich aus der ARRHENIUS-Formel in ihrer ursprünglichen Gestalt ergibt. Die schon oben angedeuteten

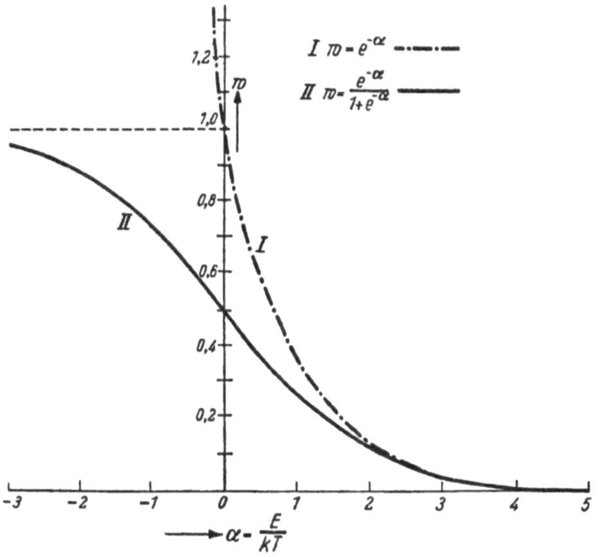

Abb. 9. Erweiterung der ARRHENIUS-Gleichung

Schwierigkeiten entfallen bei der genaueren Fassung des Ausdruckes. Gleichzeitig ist ersichtlich, daß schon bei mäßig großen Aktivierungsenergien die Übereinstimmung befriedigend ist.

Betrachten wir zunächst die Tätigkeit der spontan arbeitenden Quellen. Es besteht keine Veranlassung anzunehmen, daß der kinematische Vorgang einschließlich der Verfestigung anders abläuft als bei der thermischen Aktivierung. Alle Quellen arbeiten dann so lange, bis der Zähler des Exponenten verschwindet. Die Dehnung, die bei diesem Vorgang erfolgt, heißt spontane Dehnung.

Alle Quellen, deren Aktivierungsenergie kleiner ist als $\mu(\sigma)$, arbeiten also spontan bis ihre Aktivierungsenergie genau $\mu(\sigma)$ ist. Nach der spontanen Dehnung ist die Verteilungsfunktion links von $\frac{\mu(\sigma)}{k\,T}$ gleich Null, während sie rechts von dieser Stelle unverändert bleibt. Alle Quellen, die ursprünglich links von dieser Stelle lagen, haben jetzt genau die Aktivierungsenergie $\mu(\sigma)$ mit der Unsicherheit Δu. An der Stelle $x_0 = \frac{\mu(\sigma)}{k\,T}$ hat die Verteilungsfunktion eine scharfe Spitze etwa als δ-Funktion. Dies ist also gerade die Verteilung, wie sie als Näherung auch beim normalen thermischen Kriechen auftritt, und die durch die Stoßfunktion wiedergegeben wird.

Das ist der Grund, weswegen wir die spontane Dehnung bisher nicht in Rechnung stellten. Die Anfangsverteilung nach der spontanen Dehnung entspricht der, die wir unter Vernachlässigung dieses Effektes erhalten hatten. Allerdings muß der Nullpunkt des Zeitmaßstabes geeignet gewählt werden. Da die ARRHENIUS-Formel über dem errechneten Wahrscheinlichkeitsausdruck liegt, wird die Verformungsgeschwindigkeit auch zu hoch angegeben. Der tatsächliche Kriechvorgang läuft also zu Beginn langsamer ab, als die Rückextrapolation für spätere Zeiten erwarten läßt.

Für sehr tiefe Temperaturen ($T \approx 0\,^\circ\mathrm{K}$) läßt sich wieder eine geschlossene Lösung angeben. Dann ist nämlich die Wahrscheinlichkeit nach der abgeänderten ARRHENIUS-Gleichung

$$\begin{aligned} w &= 0 \quad \text{für} \quad u > \mu(\sigma) \\ w &= 1 \quad \text{für} \quad u < \mu(\sigma)\,. \end{aligned}$$

Falls T gegen 0 geht, ist natürlich die oben eingeführte Transformation $x = \frac{\mu(\sigma)}{k\,T}$ sinnlos. Sie kann dann nicht mehr angewandt werden.

Wenn bei irgendeiner endlichen Temperatur T die Verteilungsfunktion $n(x, t)$ vorgegeben ist, so bildet man

$$f(u, t) = \frac{1}{k\,T} \cdot n\left(\frac{u}{k\,T}, t\right). \tag{5.6—1}$$

Diese Verteilungsfunktion ist nicht wie $n(x, t)$ dimensionslos, sondern hat die Dimension 1/Energie. Sie ist so normiert, daß

$$\int_0^\infty f(u, t)\, du = 1 \tag{5.6—2}$$

wird.

Man kann auch hier wieder einführen

$$F(u, t) = \int_0^u f(u, t)\, du\,. \tag{5.6—3}$$

Die Funktionen $f(u, t)$ und $F(u, t)$ sind nun temperaturunabhängig.

Wenn die Spannung σ angelegt wird, so arbeiten alle Quellen spontan, deren Aktivierungsenergie kleiner ist als $\mu(\sigma)$.

Ihre Anzahl beträgt

$$Z \cdot F(\mu(\sigma), t)\,.$$

Alle diese Quellen arbeiten im Zeitintervall $\frac{1}{\bar{c}_1}$ gerade einmal. Die Anzahl der Schritte in dieser Zeit ist daher

$$Z \cdot F(\mu(\sigma), t)\,.$$

Die Anzahl der Schritte während der Zeit dt ist dann

$$\bar{c}_1 \cdot Z \cdot F(\mu(\sigma), t)\, dt$$

und die spontane Dehnung

$$\varepsilon = \lambda \cdot \bar{c}_1\, Z\, F(\mu(\sigma), t)\, dt\,.$$

Die Dehnungsgeschwindigkeit bestimmt sich zu

$$\varepsilon^{\cdot} = \lambda \cdot \bar{c}_1 \cdot Z \cdot F(\mu(\sigma), t)\,. \tag{5.6—4}$$

Diese Beziehung entspricht der Gleichung (3.2—2), wenn $e^{-\frac{u-\mu(\sigma)}{kT}} = 1$ gesetzt wird.

Die Verfestigung der Quellen tritt auch bei spontaner Dehnung auf. Da in der Zeit $\frac{1}{\bar{c}_1}$ alle Quellen gerade einmal gearbeitet haben, sind alle Aktivierungsenergien um Δu erhöht. Die Verteilungsfunktion ist dann um Δu nach rechts verschoben. Es ergibt sich also, daß sich die Verteilungsfunktion im Gebiet der spontanen Dehnung mit der Geschwindigkeit $\bar{c}_1 \cdot \Delta u$

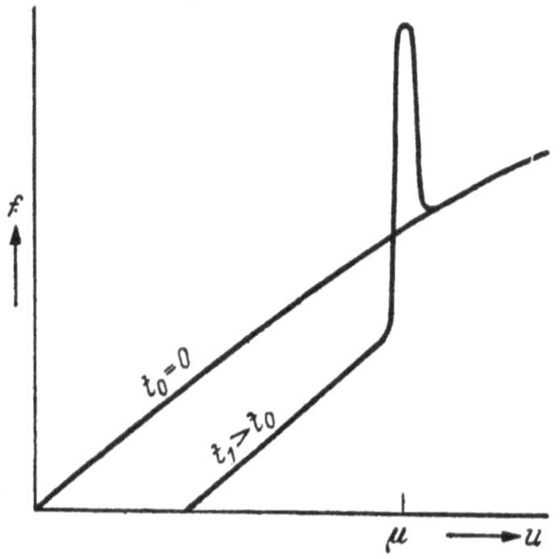

Abb. 10a. Zeitliche Änderung der Verteilungsfunktion bei spontaner Dehnung

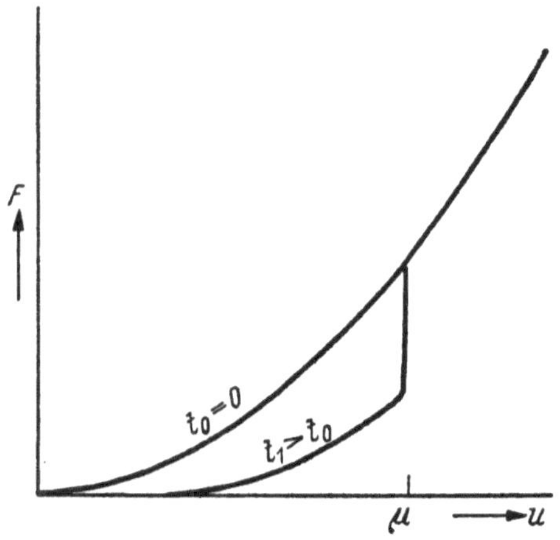

Abb. 10b. Zeitliche Änderung der Verteilungsfunktion bei spontaner Dehnung

nach rechts schiebt. Da die Quellen für $u > \mu(\sigma)$ nicht arbeiten, stauen sich die spontan arbeitenden Quellen bei $u = \mu(\sigma)$ auf. Daraus kann die zeitliche Veränderung der Verteilungsfunktion abgeleitet werden. Es ist

$$\begin{aligned} f(u, t) &= f_0\,(u - \bar{c}_1 \Delta u \cdot t) \quad &&\text{für} \quad u < \mu(\sigma)\,, \\ f(u, t) &= f_0(u) \quad &&\text{für} \quad u > \mu(\sigma)\,. \end{aligned} \tag{5.6—5}$$

An der Stelle $u = \mu(\sigma)$ ergibt sich eine Spitze, da die Gesamtzahl der Quellen erhalten bleibt. Für die Funktion F gibt die gleiche Beziehung

$$\begin{aligned} F(u, t) &= F_0\,(u - \bar{c}_1\, \Delta u\, t) \quad &&\text{für} \quad u < \mu(\sigma)\,, \\ F(u, t) &= F_0(u) \quad &&\text{für} \quad u > \mu(\sigma)\,. \end{aligned} \tag{5.6—6}$$

Eine besondere Aussage für $u = \mu(\sigma)$ erübrigt sich hier. Der zeitliche Verlauf des spontanen Kriechens ergibt sich dann zu

$$\varepsilon^{\cdot}(t) = \lambda\, \bar{c}_1\, Z \cdot F_0(\mu(\sigma) - \bar{c}_1\, \Delta u\, t)\,. \tag{5.6—7}$$

Es sei besonders darauf hingewiesen, daß das spontane Kriechen langsamer erfolgt als das thermische Kriechen, wenn man den Ausdruck $e^{-\frac{u-\mu(\sigma)}{kT}}$ formal auch für $u < \mu(\sigma)$ gelten läßt.

In Abb. 10 ist die zeitliche Änderung der Verteilungsfunktion und der Funktion $F(u, t)$ dargestellt. Bei der spontanen Dehnung ergibt sich ein anderes Bild als bei thermischer Aktivierung. Während bei der thermischen Aktivierung die Integralfunktion von links her abgebaut wird, wird bei der spontanen Dehnung bei $u = \mu(\sigma)$ ein Stück herausgeschnitten. Nach Beendigung der spontanen Dehnung stimmen beide Bilder wieder überein. Aus dieser Tatsache ergibt sich die Berechtigung unseres angewandten Näherungsverfahren.

Aus dieser Vorstellung läßt sich auch sofort ein Ausdruck für die Dehung hinschreiben.

$$\varepsilon = \int_0^t \varepsilon^{\cdot}\, dt = \lambda\, \bar{c}_1\, Z \int_0^t F_0\,(\mu - \bar{c}_1\, \Delta u\, \tau)\, d\tau\,. \tag{5.6—8}$$

Mit

$$\varrho = \mu - \bar{c}_1\, \Delta u\, \tau$$

ergibt sich

$$\varepsilon(t) = -\lambda\, \bar{c}_1\, Z\, \frac{1}{\bar{c}_1\, \Delta u} \int_{\mu}^{\mu - \bar{c}_1 \Delta u t} F_0(\varrho)\, d\varrho\,,$$

$$\varepsilon(t) = \frac{\lambda \cdot Z}{\Delta u} \int_{\mu - \bar{c}_1 \Delta u . t}^{\mu} F_0(u)\, du\,. \tag{5.6—9}$$

Während nach der Näherungsrechnung der vorigen Paragraphen der ANDRADE-Exponent

$$\beta = \frac{\varepsilon^{\cdot}}{\varepsilon} \cdot t \tag{5.5—16}$$

für $T = 0$ verschwindet, (vgl. Gl. (5.5—21)), ergibt sich bei der spontanen Dehnung auch für $T = 0$ ein endlicher Wert. Nach Beendigung der spontanen Dehnung hat eine Anzahl von Quellen gerade die Aktivierungsenergie $\mu(\sigma)$.

Da dür die thermische Aktivierung der Ausdruck $e^{-\frac{u-\mu(\sigma)}{kT}}$ maßgebend ist, und $u - \mu(\sigma)$ für diese Quellen sehr klein ist, ergibt sich bei jeder endlichen Temperatur auch die Möglichkeit der thermischen Aktivierung. Man muß mit einer thermisch aktivierten Nachdehnung rechnen. Diese spontane Dehnung, die von der Theorie gefordert wird, ist jedoch experimentell schwer zu bestimmen. Die übliche Methode, die verschiedentlich beschrieben wurde, besteht darin, daß eine Kriechkurve über endliche Zeiten aufgenommen wird. Diese Kriechkurve wird durch eine Interpolationsformel, das ANDRADEsche Fließgesetz, dargestellt. Der Ausdruck wird auf die Versuchszeit $t = 0$ zurück extrapoliert. Der Unterschied zwischen der so extrapolierten Dehnung und der leichter bestimmbaren elastischen Dehnung wird als spontane Dehnung gedeutet.

Dieses Verfahren ist jedoch keineswegs befriedigend. Das zugrunde gelegte Fließgesetz ist in jedem Fall nur zur Interpolation begründet. Jede Extrapolation muß mit Vorsicht behandelt werden. Dies gilt umsomehr, als die beiden am häufigsten verwendeten Ausdrücke, das Potenzgesetz von ANDRADE

$$\varepsilon = A\, t^{\gamma}$$

oder das logarithmische Gesetz

$$\varepsilon = c \cdot \ln\,(\alpha\, t)$$

für $t = 0$ unendliche Fließgeschwindigkeit ergeben.

Entsprechend unsicher sind daher auch die in der Literatur anzutreffenden Meßergebnisse.

Während KUHLMANN und MASING [25] spontane Dehnung in der gleichen Größenordnung wie die Kriechdehnung erhielten, konnte der gleiche Verfasser LUCAS-MASING [26] keine spontane Dehnung nachweisen.

Noch weitergehende Aussagen wurden von MÜLLER und ENGELHARDT [27] gemacht. Sie deuten eine Abweichung der Meßpunkte der ersten beobachteten Werte von der für größere Zeiten erhaltene Interpolationskurve als spontane Dehnung und kommen zu Zeiten der Größenordnung von 100 s für den Ablauf der spontanen Dehnung.

Nach diesen Beispielen ist wohl der Schluß berechtigt, daß die spontane Dehnung, deren Existenz zwar theoretisch gefordert wird, experimentell noch nicht sicher bestätigt werden konnte.

Aussichtsreicher dürften Versuche sein, die bei tiefer Temperatur durchgeführt werden. In diesem Fall kann das thermische Kriechen weitgehend unterdrückt werden. Es müßte dann lediglich die spontane Dehnung, eine Nachdehnung jedoch kaum auftreten. Bei der Temperatur des flüssigen Wasserstoffs herrscht nur etwa 1/50 der Schmelztemperatur von Aluminium.

Entsprechende Versuche sind von GLEN [28] an Cd-Einkristallen bei Heliumtemperatur (1,2° K) durchgeführt worden. Trotz dieser tiefen Temperatur wurde jedoch noch eine Nachkriechen beobachtet. Von GLEN wird dies als eine Wirkung des Tunneleffektes gedeutet, der sich bemerkbar machen soll. Eine ganz grobe Überschlagsrechnung zeigt jedoch, daß in diesem Bereich der Tunneleffekt noch vollkommen von der thermischen Aktivierung überdeckt wird. Nehmen wir an, die Aktivierungsenergie läge in der Größenordnung von 1 eV ($\sim 1{,}6 \cdot 10^{-12}$ erg) und der Potentialwall habe die Breite $d = 1$ Å, so ergibt sich die Durchlässigkeit des Walles infolge des Tunneleffektes zu

$$D = e^{-\frac{4\pi}{h}\sqrt{2 m u d}} \tag{5.6—10}$$

(vgl. SCHPOLSKI, Atomphysik I § 145).

Vergleicht man diesen Ausdruck mit der thermischen Aktivierung nach der ARRHENIUS-Gleichung

$$w = e^{-\frac{u}{kT}},$$

so kann man eine Temperatur T_0 so bestimmen, daß durch thermische Aktivierung der gleiche Effekt erreicht wird wie durch den Tunneleffekt. Es ist dann

$$e^{-\frac{u}{kT_0}} = e^{-\frac{4\pi\sqrt{2 m u d}}{h}}$$

oder

$$T_0 = \sqrt{u}\,\frac{h}{4\sqrt{2}\,\pi k} \cdot \frac{1}{\sqrt{m d}} \approx 0{,}005^\circ\ \mathrm{K}\,. \tag{5.6—11}$$

Bei allen praktischen Versuchstemperaturen überwiegt also die thermische Aktivierung den Einfluß des Tunneleffektes erheblich. Hieran wird auch durch die Nullpunktsenergie nichts geändert.

Zur Abschätzung der Nullpunktsenergie wurden die Energieniveaus betrachtet, die ein Atom (Atomgewicht ≈ 23) im Potentialtopf der Länge von 1 Å haben kann. Es ist

$$E_n = n^2 \frac{h^2}{8 m l^2} \approx n^2 \cdot 0{,}15 \cdot 10^{-14}\,. \tag{5.6—12}$$

Die Nullpunktsenergie ergibt sich für $n = 1$ zu $0{,}15 \cdot 10^{-14}$ erg $\sim 10^{-3}$ eV. Diese Energie ist gegenüber der Aktivierungsenergie von 1 eV klein, so daß das Ergebnis von Gl. (5.6—11) erhalten bleibt.

7. *Das Erholungskriechen*

Das Verfestigungskriechen liefert, wie in Kap. 5, Abschn. 4 gezeigt wird, eine Kriechgeschwindigkeit, die für große Zeiten wie $1/t$ gegen Null geht. Andererseits wurde in Kap. 5, Abschn. 3 die Endgeschwindigkeit als von endlicher Größe berechnet. Diese Diskrepanz rührt daher, daß beim Verfestigungskriechen der Faktor c_2 vernachlässigt wurde. Dies war möglich, solange die Verteilungsfunktion weit links von der Gleichgewichtsverteilung liegt. Im Laufe des Kriechvorganges wandert sie jedoch nach rechts und kommt in den Bereich der Gleichgewichtsverteilung. Hier ist die Vernachlässigung von c_2 nicht mehr möglich. Man muß also in diesem Gebiet die Hauptgleichung tatsächlich lösen. Qualitativ kann man den Geschwindigkeitsverlauf so erhalten, daß man in Abb. 6 bei der Gleichgewichtsgeschwindigkeit die Geschwindigkeitskurve abschneidet. Vom Schnittpunkt aus läuft sie dann horizontal weiter. In Wirklichkeit tritt natürlich kein Knick in der Geschwindigkeitskurve ein, sondern der Übergang erfolgt allmählich.

Der entsprechende Vorgang im ε-Diagramm (Abb. 7) äußert sich darin, daß in der doppellogarithmischen Darstellung die Kriechkurve wieder steiler läuft, um schließlich den Andrade-Exponenten von 1 zu erreichen.

Dieser Teil des Kriechvorganges soll Erholungskriechen genannt werden. Die Bezeichnung wurde gewählt, obwohl sie nicht ganz treffend ist. Besser wäre z. B. Übergangskriechen. Leider wurde von verschiedenen Autoren aber der Ausdruck Übergangskriechen für das Verfestigungskriechen verwendet. Verwechselungen könnten dann leicht die Verständigung beeinträchtigen.

Für dieses Erholungskriechen gelten die Voraussetzungen von Kap. 5, Abschn. 4 u. 5 nicht mehr. Speziell läßt sich keine „Zustandsgleichung" ableiten. Es handelt sich hier um das Gebiet, das von verschiedenen Autoren (z. B. Wyatt) als β-Gebiet bezeichnet wird.

Wie schon in Kap. 4, Abschn. 3 erwähnt wurde, ist die strenge Lösung der Hauptgleichung nicht gelungen. Um jedoch, wenn es nötig ist, mit praktischer Genauigkeit die Lösung angeben zu können, soll ein Maschenverfahren als numerische Lösung angegeben werden. Ausgang bildet wieder die Hauptgleichung (3.2—14)

$$\frac{\partial n}{\partial \tau} = -2\,C\,\frac{\partial}{\partial x}\,(n \cdot e^{-x}) + \frac{\partial^2}{\partial x^2}\,(n \cdot e^{x})\,.$$

Die schon mehrfach benutzte Transformation

$$\xi = \sqrt{C} \cdot e^{-x}$$

führt die Hauptgleichung über in

$$\frac{1}{\sqrt{C}} \cdot \frac{\partial n}{\partial \tau} = \frac{\partial^2 n}{\partial \xi^2} \cdot \xi + \frac{\partial n}{\partial \xi}\,(2\,\xi^2 - 1) + n\left(2\,\xi + \frac{1}{\xi}\right). \qquad (5.7\text{—}1)$$

Diese Transformation bietet mehrere Vorteile. Zunächst führt sie das Integrationsintervall, das in x von 0 bis ∞ reicht, in das endliche Intervall von 0 bis $\sqrt{C}$ über.

Die für ein numerisches Näherungsverfahren nötige Unterteilung in eine endliche Anzahl von Stücken gleicher Breite ist auf diese Weise leicht möglich. Weiter können die Randbedingungen leicht eingeführt werden. Schließlich gestattet das bei der Geschwindigkeitsbestimmung auftretende Integral

$$\int_0^\infty n \cdot e^{-x}\,dx$$

(vgl. Gl. (3.2—4)) eine leichte Berechnung.
Es ist nämlich

$$\int_0^\infty n \cdot e^{-x}\,dx = \frac{1}{\sqrt{C}} \int_0^{\sqrt{C}} n\,d\xi\,. \qquad (5.7\text{—}2)$$

Wenn n an äquidistanten Punkten von ξ bekannt ist, läßt sich das Integral (5.7—2) leicht nach einer Näherungsmethode (Trapezregel, Simpsonsche Formel) breechnen.

Zur numerischen Auflösung der Gleichung 5.7—1 werde die ξ, τ Ebene mit einem Maschennetz bedeckt, dessen Maschenweite $\Delta\xi$, $\Delta\tau$ beträgt. Die Bezeichnungsweise ist in Abb. 11 angedeutet.

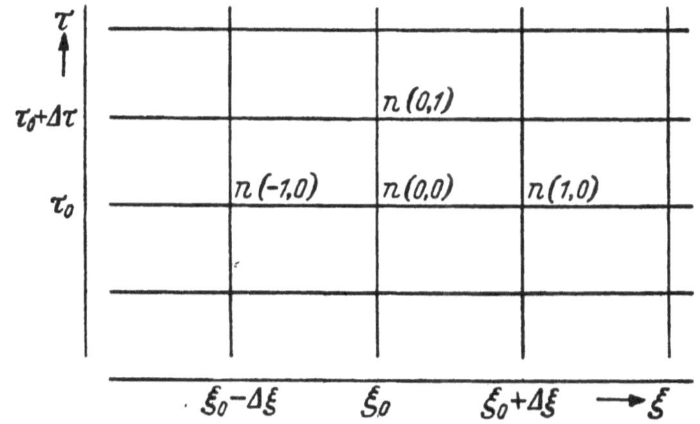

Abb. 11. Bezeichnung der einzelnen Punkte des Maschennetzes

Die in Gl. (5.7—1) auftretenden Differentialquotienten sollen durch Differenzenquotienten angenähert werden. Zu diesem Zweck werde gesetzt

$$\frac{\partial n}{\partial \tau} \approx \frac{\Delta n}{\Delta \tau} = \frac{n(0,1) - n(0,0)}{\Delta \tau}, \tag{5.7—3}$$

$$\frac{\partial n}{\partial \xi} \approx \frac{\Delta n}{\Delta \xi} = \frac{n(1,0) - n(-1,0)}{2\,\Delta \xi}, \tag{5.7—4}$$

$$\frac{\partial^2 n}{\partial \xi^2} \approx \frac{\Delta^2 n}{\Delta \xi^2} = \frac{n(1,0) - 2\,n(0,0) + n(-1,0)}{\Delta \xi^2}. \tag{5.7—5}$$

Setzt man diese Ausdrücke in Gl. (5.7—1) ein und löst nach $n(0,1)$ auf, so erhält man den finiten Ausdruck

$$\begin{aligned} n(0,1) = {} & n(1,0)\left[\frac{\sqrt{C}\cdot\Delta\tau}{\Delta\xi^2}\cdot\xi + \frac{\sqrt{C}\cdot\Delta\tau}{2\,\Delta\xi}(2\,\xi^2 - 1)\right] \\ & + n(0,0)\left[-\frac{2\sqrt{C}\cdot\Delta\tau}{\Delta\xi^2}\cdot\xi + \sqrt{C}\cdot\Delta\tau\left(2\,\xi + \frac{1}{\xi}\right) + 1\right] \\ & + n(-1,0)\left[\frac{\sqrt{C}\cdot\Delta\tau}{\Delta\xi^2}\cdot\xi - \frac{\sqrt{C}\cdot\Delta\tau}{2\,\Delta\xi}(2\,\xi^2 - 1)\right]. \end{aligned} \tag{5.7—6}$$

Man kann diesen Ausdruck noch etwas vereinfachen, wenn man

$$\frac{2\sqrt{C}\cdot\Delta\tau}{\Delta\xi^2} = 1 \tag{5.7—7}$$

wählt. Damit erhält man

$$\begin{aligned} n(0,1) = {} & n(1,0)\left[\frac{\xi}{2} + \frac{\Delta\xi}{4}(2\,\xi^2 - 1)\right] + n(0,0)\left[1 - \xi + \frac{\Delta\xi^2}{2}\left(2\,\xi + \frac{1}{\xi}\right)\right] \\ & + n(-1,0)\left[\frac{\xi}{2} - \frac{\Delta\xi}{4}(2\,\xi^2 - 1)\right]. \end{aligned} \tag{5.7—8}$$

Wenn man n zu irgendeiner Zeit an drei äquidistanten Punkten kennt, so kann man mittels Gl. (5.7—8) den Wert an der mittleren Stelle zu einem späteren Zeitpunkt ausrechnen. Es läßt sich also bei gegebener Anfangsverteilung durch eine modifizierte, gleitende „Mittelwertbildung" die Funktion $n(\xi, \tau)$ im ganzen Bereich ermitteln. Hierbei liegt ξ zwischen 0 und $\sqrt{C}$. Die Wahl von $\Delta\xi$ ist noch freibleibend und richtet sich nach der gewünschten Genauigkeit. Um jedoch eine ungünstige Fehlerfortpflanzung zu vermeiden, darf der Wert der eckigen Klammer in Gl. (5.7—8) an keiner Stelle größer als 1 sein.

In der angegebenen Weise wurde der Fall $C_0 = 5$; $C = 10$ berechnet. Es wurde $\Delta\xi = 0{,}1\sqrt{C}$ gewählt. Gemäß Gl. (5.7—7) ist dann $\Delta\tau = 0{,}005\sqrt{C}$. In Abb. 12 ist das Ergebnis dargestellt. Man sieht, wie sich die Verteilungsfunktion der Gleichgewichtsverteilung nähert. In Abb. 13 ist die aus dieser Rechnung resultierende Kriechgeschwindigkeit dargestellt.

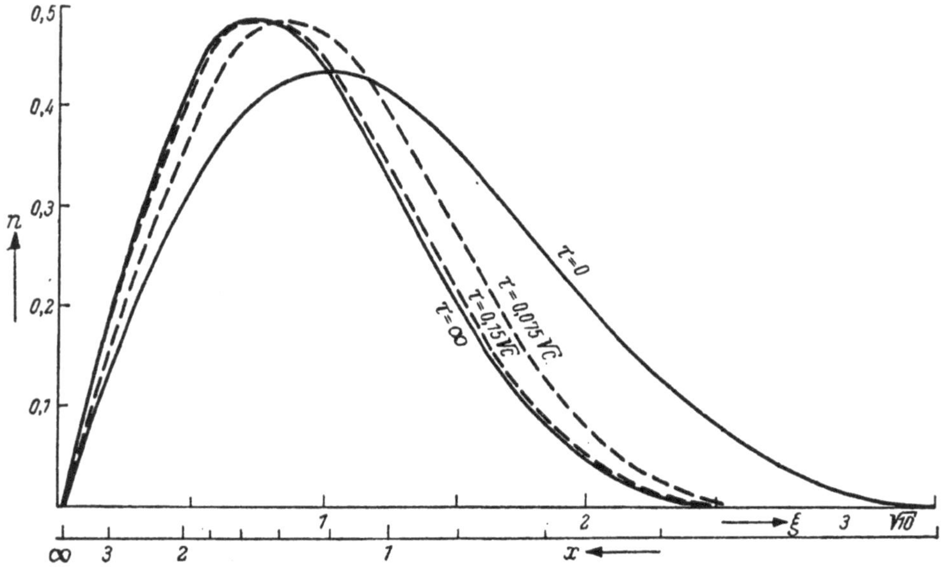

Abb. 12. Änderung der Verteilungsfunktion beim Erholungskriechen

Das hier geschilderte Maschenverfahren ist grundsätzlich in jedem Fall anwendbar. Die praktische Rechnung ist zwar nicht kompliziert, aber sehr zeitraubend. Man wird es daher nur in Ausnahmefällen anwenden. Wenn es möglich ist, soll man die früher dargestellten „geschlossenen" Näherungslösungen anwenden.

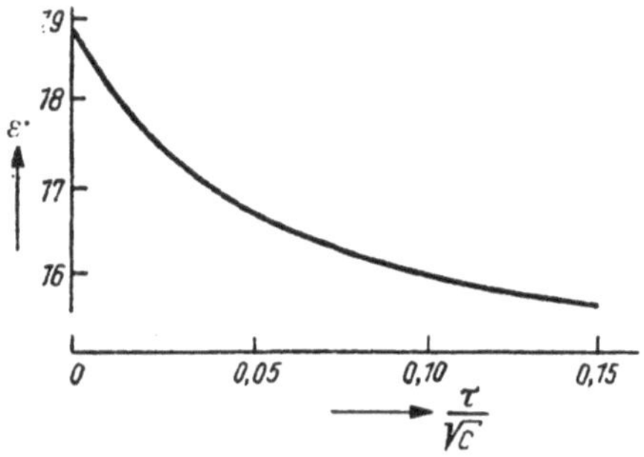

Abb. 13. Kriechgeschwindigkeit beim Erholungskriechen

Die Zeit bis zum Erreichen des Endzustandes läßt sich abschätzen. Wie zu Beginn dieses Paragraphen dargelegt wurde, verläuft das Kriechen zunächst als reines Verfestigungskriechen. Hierbei wandert das Maximum der Verteilungsfunktion nach rechts. Das Maximum liegt jeweils in der Nähe von $\bar{x}$, wobei nach Gl. (4.1—13) gilt

$$\bar{x} = \ln \frac{c_1}{\sqrt{2} - 1}\, t\,.$$

Zu Beginn liegt das Maximum bei (vgl. Gl (5.1—10))

$$\bar{x}_0 = \alpha \ln \sqrt{2\,C_{e0}} = \ln \left(\sqrt{2\,C_{e0}}\right)^\alpha = \ln \frac{c_1}{\sqrt{2}-1}\, t_0 \,. \tag{5.7—9}$$

Man darf nun annehmen, daß das Gleichgewichtskriechen dann erreicht ist, wenn $\bar{x}$ etwa das Maximum der Gleichgewichtsverteilung erreicht hat

$$\bar{x}_e = \ln \sqrt{2\,C} = \ln \frac{c_1}{\sqrt{2}-1}\, t_e \,. \tag{5.7—10}$$

Die Zeit zwischen den beiden Vorgängen beträgt

$$t = t_e - t_0 = \frac{\sqrt{2}-1}{c_1} \sqrt{2\,C}\left(1 - \sqrt{\frac{C_{e0}{}^\alpha}{C}}\right). \tag{5.7—11}$$

Durch diesen Ausdruck kann man also die Zeit roh abschätzen, die bis zum Erreichen der Gleichgewichtsgeschwindigkeit vergeht.

8. Der abgekürzte Kriechversuch

In den bisherigen Paragraphen ist der gesamte Ablauf eines Kriechversuches dargestellt worden. Es ist nun für viele technische Fragestellungen wertvoll, für ein bestimmtes Material zu wissen, wie unter gegebenen Lastverhältnissen der Verformungsablauf ist. Speziell interessiert die Dauerstandsfestigkeit, die nach den deutschen Normblättern DIN 50117 und 50118 als die größte Zugspannung definiert wird, bei der bei gegebener Temperatur ein anfängliches Dehnen des Werkstoffes im Laufe der Zeit noch zum Stillstand kommt, bei deren Überschreitung aber mit einem dauernden Dehnen bis zum Bruch zu rechnen ist.

Nach den bisherigen Ausführungen kann man aber nicht damit rechnen, daß die Kriechgeschwindigkeit jemals wirklich Null wird. Es ist eine Frage der Meßgenauigkeit, wann man die Kriechgeschwindigkeit nicht mehr nachweisen kann und daraus schließt, daß das Kriechen zum Stillstand gekommen sei.

Da man praktisch die Dauerstandsfestigkeit nicht bestimmen kann, bricht man entsprechend den Normangaben den Versuch nach 45 Stunden ab. Man bezeichnet dann als praktische Dauerstandsfestigkeit die Spannung, bei der die Kriechgeschwindigkeit in der 25sten bis 35sten Stunde kleiner als 0,001% pro Stunde ist und bei der die bleibende Gesamtdehnung nach 45 Stunden kleiner als 0,2% ist.

Dieses abgekürzte Verfahren stellt natürlich einen Kompromiß dar. Einmal ist die nötige Versuchszeit von 45 Stunden immer noch reichlich lang, und zum anderen kann man keine Aussage über das weitere Verhalten machen. Es fragt sich nun, ob die hier entwickelte Theorie vielleicht Ansätze zu einer Verbesserung der Methode bietet.

Hier geht man zweckmäßig von dem in Kap. 4, Abschn. 3 abgeleiteten Verschiebungssatz aus. Er besagt, daß zwei Kriechkurven dann nur durch Maßstabsänderung ineinander übergeführt werden können, wenn bei ihnen sowohl die Anfangsverteilung als auch die Gleichgewichtsverteilung durch Parallelverschiebung um den gleichen Betrag auseinander hervorgehen. Das ist bei gegebener Unterkühlung dann der Fall, wenn in beiden Fällen $\cosh \frac{\mu(\sigma)}{k\,T}$ übereinstimmt. Da die Dauerstandsfestigkeit im allgemeinen nur bei höheren Temperaturen interessiert, wird $\alpha \approx 1$ anzunehmen sein. Es darf weiter aus den Messungen vermutet werden, daß $\mu(\sigma)$ nahezu linear in σ ist.

Will man also nach dieser Erkenntnis einen abgekürzten Kriechversuch durchführen, so muß man σ und T im gleichen Verhältnis vergrößern. Man erhält dann den Kriechvorgang gewissermaßen im Zeitraffertempo. Den Zeitmaßstab gewinnt man, indem man für den ersten Teil, wo man auch den Originalversuch durchführt, $\varepsilon^{\cdot}$ über ε aufträgt. Das Verhältnis der beiden Kurven gibt den Zeitmaßstab.

Eine andere Auffassung, die besonders in den angelsächsischen Ländern vertreten ist, beurteilt die Dauerstandsfestigkeit nach dem Minimum der Kriechgeschwindigkeit. Sie trägt damit einen Teil der Bedenken gegen die DIN-Vorschrift Rechnung, daß die Kriechgeschwindigkeit nie ganz verschwindet. Die geringste auftretende Kriechgeschwindigkeit darf man wohl als Gleichgewichtskriechen ansprechen, das in Kap. 5, Abschn. 3 besprochen wurde. Aus Gl. (5.3—5) läßt sich der Wert sogar berechnen, wenn in zwei abgekürzten Versuchen die Konstanten ermittelt sind.

Natürlich sind die hier angedeuteten Verfahren nur dann anwendbar, wenn durch die Temperaturänderung der Materialzustand nicht geändert wird; insbesondere darf in dem Temperaturbereich kein Phasen-Umwandlungspunkt liegen.

Kapitel 6

Beurteilung der Theorie

1. Vergleich mit Meßergebnissen

Bei der Suche nach Meßergebnissen, die zur Betätigung der hier entwickelten Theorie herangezogen werden könnten, stößt man auf große Schwierigkeiten. Es sind keine Messungen bekannt, die mit einem bestimmten, wohldefinierten Ausgangsmaterial die ganze in Frage kommende Breite des Temperatur-, Spannungs-, Geschwindigkeits- und Zeitgebietes erfassen. Dies ist ja auch der Grund dafür, daß von den verschiedenen Stellen empirische Interpolationsformeln angegeben wurden, die jeweils das gerade untersuchte Gebiet erfassen, auf andere Bedingungen jedoch nicht angewandt werden dürfen. Der zeitliche und materielle Aufwand für eine umfassende experimentelle Untersuchung ist zu groß, so wünschenswert sie auch im Interesse der Vertiefung unserer Kenntnisse wäre.

Es können daher nur die Teilergebnisse zum Vergleich herangezogen werden. Eine rückblickende Betrachtung der in Kap. 1, Abschn. 3 und 4 wiedergegebenen Ergebnisse zeigt, daß die hier entwickelte neue Theorie die einzelnen Phasen richtig beschreibt. Ihr besonderer Wert liegt nun darin, daß die verschiedenen Vorgänge unter einem einheitlichen Gesichtspunkt betrachtet und mit einer einheitlichen Methode behandelt werden.

Aus der Fülle des vorliegenden Materials soll eine Arbeit herausgegriffen werden, die sich durch einen relativ großen Untersuchungsbereich hinsichtlich der Temperatur auszeichnet. Carreker [29] führte Versuche mit Platin im Bereich von 78° K bis 1550° K durch. Die Belastung waren so gewählt, daß in etwa 1 Minute eine Dehnung von 1% erreicht wurde. Die wiedergegebenen Meßkurven folgen für hohe Temperaturen ($T > 1000°$ K) einem Andaradeschen Potenzgesetz mit von der Temperatur abhängigem Exponenten. Bei tieferen Temperaturen macht sich immer stärker eine Zeitabhängigkeit des Exponenten bemerkbar, der während des Kriechvorganges abnimmt.

In Abb. 14 ist für die festgehaltene Dehnung von $\varepsilon = 0{,}01$ der Exponent als Funktion der Temperatur aufgetragen. Während Carreker durch die Punkte eine Gerade legt (gestrichelt), die etwa unserer Näherungsgleichung (5.5—20) entspricht, sind bei genauerer Betrachtung deutlich sichtbare systematische Abweichungen festzustellen. Zunächst stellt man fest, daß der Exponent für $T = 0$ einem endlichen Grenzwert zustrebt. Die Erklärung dürfte in der spontanen Dehnung (Kap. 5, Abschn. 6) zu suchen sein. Bei etwa 400° K macht sich dann ein Anstieg bemerkbar, wie er etwa durch Gl. (5.5—31) beschrieben wird. In diesem Gebiet haben wir es also mit dem eingefrorenen Gleichgewicht zu tun. Oberhalb 1100° K bleibt

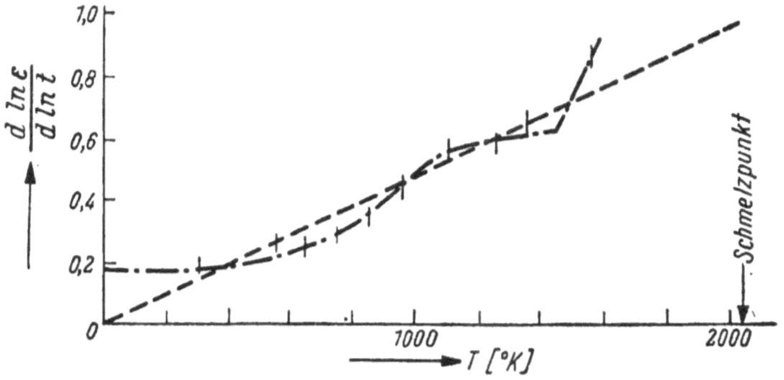

Abb. 14. ANDRADE-Exponent als Funktion der Temperatur. (Nach CARREKER)

der Exponent bis 1450° K ziemlich konstant. Wir können also T_e auf etwa 1100° K legen. Bei den höheren Temperaturen beginnt das Kriechen aus dem Gleichgewicht heraus ($\alpha = 1$). Bei 1550° K schließlich ist der Exponent fast 1.

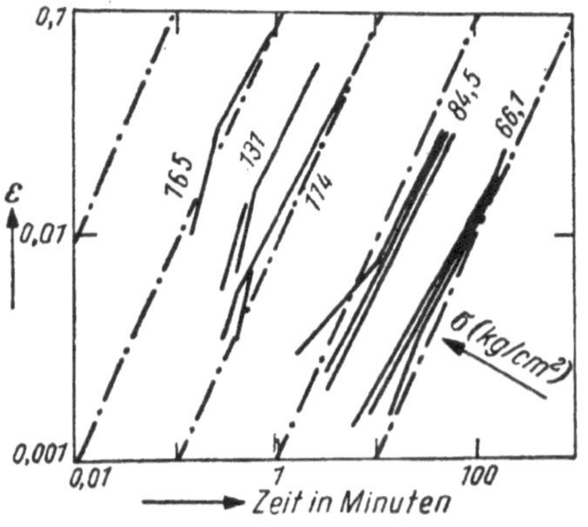

Abb. 15. Kriechkurve von Platin bei 1550° K. (Nach CARREKER)

In Abb. 15 sind die Meßwerte selbst eingetragen. Die strichpunktierten Geraden sind die Kurven für $\gamma = 1$. Hier haben wir es also mit dem Gleichgewichtskriechen zu tun.

2. *Schlußbetrachtung*

In der vorliegenden Arbeit wurde der Versuch gemacht, das Kriechverhalten bei verschiedenen Versuchsbedingungen unter einem einheitlichen Gesichtspunkt zu betrachten. Es wurden Verformungszentren angenommen, die infolge thermischer Aktivierung in der Lage sind, unter gleichzeitiger Verfestigung Verformungsschritte auszuführen. Daneben haben diese Verformungszentren die Tendenz, sich in einem diffusionsartigen Prozeß wieder zu entfestigen, d. h. zu erholen. Es zeigt sich, daß man mit dieser Vorstellung die mannigfaltigen Kriecherscheinungen verstehen kann. Die einzelnen Phasen der Kriechkurve werden richtig beschrieben.

Es überrascht, daß alle Kriechvorgänge durch Quellen beschrieben werden, die im Wesentlichen die gleichen Eigenschaften haben. Es ist natürlich zweifelhaft, ob mit dieser Vereinfachung tatsächlich alle Feinheiten erfaßt werden können. Trotzdem darf man wohl annehmen, daß in groben Zügen diese Übereinstimmung tatsächlich besteht.

Es ist sonst üblich, die Kriechvorgänge je nach den Versuchsbedingungen in Tieftemperatur- und Hochtemperaturkriechen zu unterteilen. Bei tiefen Temperaturen sollen hauptsächlich die Versetzungsmechanismen im Kristallinneren wirksam werden, während bei hohen Temperaturen in steigendem Maße die Korngrenzen am Kriechvorgang beteiligt sind. Die Modellvorstellungen, die der vorliegenden Arbeit zugrundeliegen, benutzen im Wesentlichen die Arbeitsweise von Versetzungen. Zur Klärung der Frage, ob die gleichen Vorstellungen auch das Korngrenzenkriechen beschreiben können, müssen einige Bemerkungen über die Eigenschaften von Korngrenzen gemacht werden.

Verhältnismäßig leicht sind die Kleinwinkelkorngrenzen zu übersehen. Diese können als eine stabile Anordnung von Versetzungslinien verstanden werden. Eine derartige Anordnung besteht zum Beispiel darin, daß sich Stufenversetzungen, die in verschiedenen, einander parallelen Gleitebenen wandern können, so anordnen, daß sie in einer Ebene senkrecht zu den Gleitebenen liegen. In diesem Fall ergibt sich infolge der Wechselwirkung ihrer Spannungsfelder eine energetisch stabile Anordnung. Das Verhalten einer derartigen Korngrenze läßt sich natürlich aus dem Verhalten der sie bildenden Versetzungen ableiten.

Bei den Grobkorngrenzen liegen die Verhältnisse insofern komplizierter, als der Aufbau einer derartigen Korngrenze noch nicht ganz klar ist. Nach KÊ stellt man sich vor, daß zwischen den einzelnen Kristalliten eines Polykristalls eine amorphe, flüssigkeitsähnliche Masse liegt. Diese „Flüssigkeit", der auch eine gewisse Zähigkeit zugesprochen wird, ist dann nach KÊ der Träger des Hochtemperaturkriechens.

MOTT schlägt demgegenüber ein „Inselmodell" vor. Er geht von der Vorstellung aus, daß bei aneinander stoßenden Kristallen, auch wenn sie sehr stark gegeneinander verdreht sind, immer kleine Gebiet, die Inseln, bestehen, wo die Gitterbausteine gut aufeinander passen. Diese Inseln übernehmen dann die Verbindung der beiden Kristallite, während an den dazwischen liegenden Stellen nur geringe Wechselwirkung vorliegt. Beim Kriechen verändern die Inseln ihre Gestalt und Lage. Die gemessenen Aktivierungsenergien ($\sim$ 35000 cal/Mol) sind mit beiden Vorstellungen verträglich.

SHOCKLEY [30] schlägt ein Modell vor, daß gewissermaßen als Vereinigung dieser beiden Bilder aufgefaßt werden kann. Nach SHOCKLEY stellt die Grobkorngrenze eine statistische Anhäufung von Versetzungen verschiedener Art und Orientierung dar. Infolge der starken Wechselwirkung tritt der Charakter der Einzelversetzung gegenüber der Gesamtheit zurück. Trotzdem gehorcht die Korngrenze im Wesentlichen den gleichen Gesetzen wie die Versetzungen.

SEEGER [31] führt in einer Arbeit über „Das Fließen der Metalle bei hohen Temperaturen" außer dem Korngrenzenkriechen noch die Zellenbildung sowie viskoses Fließen durch Volumendiffusion von Löchern und Zwischengitteratomen an.

Allen diesen Modellen ist aber gemeinsam, daß sie in erster Näherung in das bei der vorliegenden Rechnung angewandte Schema passen. Vielleicht ist man bei der weiteren Untersuchung gezwungen, von vornherein unterscheidbare Verformungszentren anzunehmen. Diese müßten sich z. B. durch verschiedene Werte der Aktivierungsenergie V unterscheiden. In diesem Fall würde dann die Kriechkurve als Summe von zwei oder mehreren Kriechkurven der Art erscheinen, wie sie in dieser Arbeit entwickelt wurde. Zunächst besteht jedoch noch keine Veranlassung zu dieser Verfeinerung.

Schwerwiegender ist eine andere Voraussetzung, die bei der Ableitung gemacht werden mußte. Es mußte nämlich vorausgesetzt werden, daß sich das Material selbst während der Untersuchung nicht ändert. Wenn zum Beispiel bei einer bestimmten Temperatur eine Phasenumwandlung stattfindet, kann man natürlich die mit der einen Phase ermittelten Ergebnisse nicht auf die andere Phase übertragen.

Aber auch in anderen Fällen ist Vorsicht geboten. Es ist denkbar, daß infolge von Temperatureinflüssen oder auch sogar durch die Verformung selbst Ausscheidungsvorgänge oder einphasische Entmischungen auftreten oder rückgängig gemacht werden können. In diesen und ähnlich gelagerten Fällen treten Veränderungen des Materials selbst auf, die von der Theorie nicht erfaßt werden.

In einem anderen Punkt besteht Veranlassung zu einer Weiterentwicklung der dargelegten Theorie. Der Mechanismus der Erholung wurde ohne tiefere Begründung als Diffusionsprozeß angesetzt. Der hier vorgeschlagene Ansatz für diesen Einfluß ist leider mathematisch nicht leicht zu handhaben. Aus diesem Grund konnten über das Erholungskriechen, insbesondere über den genauen Verlauf, keine Angaben gemacht werden. In diesem Punkt ist eine weitere Untersuchung erwünscht.

Es besteht die Möglichkeit, von dem statistischen Diffusionscharakter der Erholung abzugehen und von vornherein eine Vorzugsrichtung vorzugeben. Wenn man sich zu diesem Schritt entschließt, erhält man als Hauptgleichung eine partielle Differentialgleichung erster Ordnung, die dann leichter zu handhaben ist. Es besteht dann bei geeignetem Ansatz die Möglichkeit, eine im ganzen Gebiet geschlossene Lösung anzugeben.

Die Arbeit wurde im III. Physikalischen Institut der Humboldt-Universität zu Berlin angefertigt. Dem Institutsdirektor, Herr Prof. Dr.-Ing. F. X. Eder sei an dieser Stelle für die rege Anteilnahme und Förderung gedankt.

Literaturverzeichnis

[1] TROUTON, FUND u. RANKINE: Phil. Mag. 8, 538 (1904).
[2] PHILLIPS, F.: Phil. Mag. **9**, 513 (1905).
[3] ANDRADE, E. N.: Proc. Roy. Soc. A **84**, 1 (1910).
ANDRADE, E. N.: Proc. Roy. Soc. A 90, 329 (1914).
[4] DUSHMAN, S., DUNBAR, L. W. u. HUTHSTEINER: J. appl. Phys. **15**, 1 (1944).
[5] McVELLY, P. G.: Trans. Amer. Soc. mech. Engr. **65**, 761 (1943).
[6] HAASEN, P., u. LEIBFRIED, G.: Z. f. Metallkde. **43**, 317 (1952).
[7] WEIK, H.: Diss. Göttingen 1953.
[8] MASING, G., u. WEIK, H.: Z. f. Metallkde. **45**, 417 (1954).
[9] WYATT, O. N.: Proc. phys. Soc. B 66, 459 (1953).
[10] OLDS, G. C. N.: Proc. phys. Soc. B **67**, 832 (1954).
[11] FRENKEL, R. E., SHERBY, O. D. u. DORN, J. E.: Trans. Amer. Soc. Metals **47**, 632 (1955).
[12] SMITH, C. L.: Proc. phys. Soc. London **61**, 201 (1948).
[13] ENGELHARDT, W.: Z. f. Metallkde. **43**, 128 (1952).
[14] LIPPMANN, H.: Acta Metallurgica **4**, 298 (1956).
[15] MOTT, N. F.: Phil. Mag. **44**, 732 (1953).
[16] MOTT, N. F., u. NABARRO: Bristol Conf. of the Strength of Solids, 1948.
[17] FRANK, F. C., u. READ, W. T.: Phys. Rev. **79**,, 722 (1950).
[18] MOTT, N. F.: Imp. of Nearly perf. Crystals, 1952.
[19] COTTRELL: Progr. in Metal Physics, Vol. 4, Lond., 1953.
[20] HEYDENREICH, R. D., u. SHOCKLEY, W.: Rep. Conf. on Strength of Solids, Phys. Soc., Lond. 1948.
[21] TÄUBERT, P.: Ber. Arbeitstag. Festkörperphys., Dresd., 45 (1954).
[22] EDER, F. X., u. TÄUBERT, P.: Naturwiss. **41**, 473 (1954).
[23] FISHER, J. C.; HART, E. V., u. PRY, R. H.: Phys. Rev. **87**, 958 (1952).
[24] LUCAS u. LÜCKE: Z. angew. Phys. **6**, 64 (1954).
[25] KUHLMANN u. MASING, G.: Z. f. Metallkde. **39**, 631 (1948).
[26] LUCAS u. MASING, G.: Z. f. Metallkde. **43**, 341 (1952).
[27] MÜLLER u. ENGELHARDT, W.: Ann. d. Phys. 9, 357 (1951).
[28] GLENS, I. W.: Phil. Mag. **47**, 400 (1956).
[29] CARREKER, jr., R. P.: J. appl. Phys. **21**, 1289 (1950).
[30] SHOCKLEY, W.: L'état solide. Bericht des 9. Solvey-Kongresses für Physik, Stoops, Brüssel (1952).
[31] SEEGER, A.: Z. f. Metallkde. **45**, 251 (1954).

FSC
www.fsc.org
MIX
Papier | Fördert gute Waldnutzung
FSC® C083411

Kolibri 360 GmbH
Ferdinand-Jühlke-Straße 7
99095 Erfurt, Deutschland
produktsicherheit@kolibri360.de